ライブラリ 新物理学基礎テキスト **S6**

ベーシック
量子力学

飯田 圭・仲野 英司 共著

サイエンス社

●編者のことば●

　本ライブラリは理学・工学系学部生向けの教科書である．現代は情報化社会と言われている．AI, Big Data, IoT 等ありとあらゆるところにコンピュータが浸透しており，スマートフォンを開けば，ほとんどすべての情報が瞬時に手に入る．しかしこれらの情報の根源には，物理学や数学など既存の学問が基礎として存在していることを忘れてはならない．理工系の学生にとっては，基礎としての物理学を確実に自分のものにすることが，情報化社会でスキルを身につける第一歩である．特に，論理的な考え方に慣れ親しむことは，物理学が将来の自分の仕事に直接関係しなくても，大きなアドバンテージになるはずである．

　このように基礎レベルでの物理学を必要とする学生は増えているが，物理学をしっかり身につけるのは容易なことではない．もう一つ忘れてならないのが，高校の教育現場でのディジタル化である．教師用の教材には多くの動画やアニメーションが用意されており，生徒は画面に映し出された動画等を見ながら物理現象を視覚的に理解する．高校でのディジタル化に慣れた学生は，大学での物理学に大きな違和感を持つであろう．大学の授業においても，動画やアニメーションによる視覚化には，一定の効果はある．しかし，物理学は最終的には微分積分等の数式を用いて表現されるのである．教科書に向き合った地道な学習抜きには，物理学の習得は期待できない．

　古今東西，名著と呼ばれる教科書が多数存在するなか，敢えて本ライブラリを刊行した理由はここにある．視覚的な理解に慣れた学生が第一歩からつまずかないように，具体例から説明をはじめ，図を多用することを各著者にお願いした．また，教科書を読むだけでは把握の難しい概念や式の意味については，本文の要所に例題と解答を配置し，各章の章末に精選された演習問題を置いて，理解の助けとなるようにした．高校で物理を学んだ読者を想定しているが，第1巻の『ベーシック　物理学』のみは，高校で物理を習っていない学生を対象にした．幅広い層の学生に対し，本ライブラリが情報化社会のなかで，基礎としての物理学を習得する助けになればと考える．

2021 年 4 月　　　　　　　　　　　　　　　編者　大川正典　稲垣知宏

●ま え が き●

　量子力学は，20世紀以降の物理学の体系を現代物理学と呼ぶとすると，その根幹をなすものである．かのケルビン卿 (Lord Kelvin) は，晩年，古典物理学の範囲でおびただしい数の成果を上げた自身の研究を振り返りつつ，未解決の問題の一つとして，エネルギー等分配則を挙げたという．これは，いわゆる黒体輻射の問題に直結する．ここで黒体とは，すべての振動数の電磁場を吸収かつ放出できる理想的な物体をさす．電磁場の振動エネルギーの平均値が振動数によらず絶対温度に比例するという従来の古典的描像に従うと，全エネルギーが発散してしまうのである．現実にある黒体に近い物質はその限りではない．この問題が多くの科学者の知的好奇心を刺激し，量子力学として結実した．本書では歴史的側面は最小限に抑え，量子力学の魅力を，前提から結論に至る過程を省略せずに描きたい．

　量子力学という以上，時間発展を考えることは必然であるが，古典物理学における粒子の位置と運動量の変化を時々刻々追いかけるという極めてもっともなアプローチから脱却し，粒子といえども波のようにふるまうため，確率でしかその状態を記述することができないという量子力学ならではのあいまいさを甘受する必要がある．そこで，波の振幅として，「確率振幅」なる位置・時間に依存する複素数（波動関数ともいう）を考え，波の性質である波長・振動数と，粒子の性質である運動量・エネルギーの関係を与えることにより，運動量・エネルギーをそれぞれ位置・時間の微分により表現するのである．かくして，系の時間発展を記述するシュレーディンガー (Schrödinger) 方程式が与えられる．本書の前半は，時間発展の記述に必要な基礎概念に焦点をあてる．シュレーディンガー方程式は，数学的には波動方程式に帰する．1粒子のポテンシャル問題に対して，波動方程式の解の性質を与え，水素原子の構造などを例に，量子力学に親しむ機会を提供したい．

　実は，以上の例は量子力学の対象のごく一部に過ぎない．そこで，より一般的な枠組みを与える必要がある．前述したように，量子力学の魅力は，粒子といえども波のようにふるまうため，確率でしかその状態を記述することができ

ないというあいまいさにある．そのため，まずはじめにとりうる状態を準備しておく必要がある．即ち「基底」という概念が登場する．さらに，状態にイタズラをし，別の状態に移す「演算子」という概念が重要となる．この演算子により，観測量とは何か，という問題にアプローチできる．本書の後半は，基底と演算子という量子力学の基礎概念の植えつけにあてられる．

さらに，この基本概念を基に時間発展を再考する．時間発展をつかさどる演算子により，粒子の状態変化を追いかける．こうして，シュレーディンガー方程式がより一般的な形で導き出される．その中に含まれる時間発展をもたらす演算子，即ちハミルトニアンが適切に与えられれば，量子力学の問題は原理的に解けるのである．さらに，エーレンフェスト (Ehrenfest) の定理を通じて古典的な力学との関連性にも言及する．

対象とする読者としては，物理学を専攻する学部学生を念頭においている．量子化学や入門的な量子力学を学ぶ理工系学部学生の読者には第4章までを読んでいただきたい．内容的には，角運動量の一般論，近似法，散乱理論，相対論的量子力学など，より進んだ内容の前座に位置するもの，具体的には水素原子の基本構造の理解に十分と思われる範囲に限定する．その範囲でも，量子力学の重要な基本要素は十分カバーされると期待できる．また，入門的な量子力学を学ぶ学部学生にとっては，計算方法や結果をおぼえることが優先されることもありえようが，記憶が理解にまで昇華されること，具体的には，基底とハミルトニアンの選択から結果までの筋道が立てられることを期待してやまない．

各章には章末問題が付されている．解答例は重要なものについては詳しく巻末に掲載するが，それ以外のものはサイエンス社のサポートページ (https://www.saiensu.co.jp) に掲載する．本書は演習書としても役立つことを期待している．

本書の執筆を薦めていただき，執筆の途中で貴重なご意見をくださった大川正典氏，稲垣知宏氏，また，出版までの過程で大変お世話になったサイエンス社の田島伸彦氏，鈴木綾子氏，仁平貴大氏に深く感謝申し上げます．

2024 年 8 月

飯田　圭　仲野英司

目　　次

第1章　量子力学事始め　　1

1.1 ド・ブロイ波 ··· 1
1.2 ボーアの理論 ··· 4
1.3 確率振幅：2重スリット実験 ···················· 7
1.4 量子力学を守る：不確定性原理 ··············· 10
　　　演習問題 ··· 12

第2章　1次元のポテンシャル問題　　14

2.1 確率振幅の時間発展 ·································· 14
2.2 井戸型ポテンシャル ································· 18
2.3 ポテンシャル障壁 ····································· 23
2.4 調和振動子 ·· 30
2.5 自由粒子 ··· 36
　　　演習問題 ··· 40

第3章　3次元のポテンシャル問題　　42

3.1 軌道角運動量 ·· 42
3.2 球面調和関数 ·· 46
3.3 中心力ポテンシャル ································· 52
3.4 水素原子の構造 ·· 53
　　　演習問題 ··· 63

第4章　基底と演算子　　65

4.1 基本的仮定 ·· 65
4.2 基底 ··· 67
4.3 状態ベクトル ·· 73

vi 目 次

4.4 演 算 子 ································· 75

4.5 固有値と固有状態 ····················· 80

4.6 測定過程の量子論 ····················· 82

4.7 両立する観測量 ······················· 85

4.8 基 底 の 変 換 ························· 90

演 習 問 題 ························· 94

第5章　位置と運動量　　　　　　　　　95

5.1 連続的な値をとる観測量 ················· 95

5.2 正 準 交 換 関 係 ····················· 101

5.3 位置基底における運動量演算子 ············· 104

演 習 問 題 ························· 114

第6章　波動方程式の性質　　　　　　　115

6.1 時間発展の演算子 ····················· 115

6.2 シュレーディンガー方程式 ··············· 117

6.3 ハイゼンベルク表示 ··················· 120

6.4 エーレンフェストの定理 ················· 122

6.5 定 常 状 態 ························· 127

6.6 調和振動子再考 ······················· 129

6.7 球面調和関数再考 ····················· 140

演 習 問 題 ························· 153

演習問題の解答例と解説（抜粋）　　　　154

参 考 文 献　　　　　　　　　　　183

索　　　引　　　　　　　　　　　184

第1章

量子力学事始め

　量子力学の成立は，まえがきでも挙げた**黒体輻射**の問題をはじめとする，複数の実験およびその物理的意義に依拠している．一つ一つ順を追って事例を挙げ，量子力学が構築されるに至った過程を論じることは重要である．このような論述は**前期量子論**といわれ，学部の授業においてもしばしば取り上げられるが，2点ほど問題がある．一つは，事例を理解するのに，相対性理論や統計物理学の知識が必要となる点，もう一つは，1世紀以上前の出来事を確かな根拠をもって追うことの困難さである．本書では，前期量子論がカバーすべき内容の多くを割愛し，量子力学の基本的仮定を導くのに最小限度の内容を紹介する．

1.1　ド・ブロイ波

　量子力学は，古典物理学において粒子の運動，波の運動が明確に区別して論じられていたが，これらは実は区別できないというあいまいさからはじまる．波（たとえば光）が粒子としての性質をもっていたり，物質（たとえば電子）が波としての性質をもっていたりするのである．この粒子の性質も波の性質も具有しうるという一見するとやっかいな性質（いわゆる「**量子性**」）は簡単には顔を出してくれない．一般に量子性は，ミクロな系でのみ有意に発現する．

　波が粒子の性質を具有する．前述したように，これを理解するのは簡単ではない．黒体輻射の研究から，光のエネルギーがとびとびの値をもつと結論された．**固体の比熱**の研究からも同様に，格子振動のエネルギーがとびとびの値をもつと結論された．**光電効果**で放出される電子のエネルギーは，光のエネルギーがとびとびの値をもつというプランク (Planck) の仮説をさらに推し進めることにより，光が「光子」という粒子の性質をもつことを示唆する．後者の二つはアインシュタイン (Einstein) の業績である．一方，光電効果で放出される電子の数は，電子が波としての性質をもつことを示唆する．この電子の波動

性，即ち**物質波**の概念をここで解説する．

ド・ブロイ (de Broglie) は，理論的に，物質波という概念を提案した．1923 年のことである．**プランク定数**を h，電子の運動量の大きさを p とすると，

$$\lambda = \frac{h}{p} \tag{1.1}$$

を物質波の波長（**ド・ブロイ波長**）と定義する．運動量という粒子の性質と波長という波の性質が関連づけられる．実験による確証が得られたのは 1925 年のことであった．デヴィッソン (Davisson) とガーマー (Germer) は，結晶に電子線を照射し，いろいろな方向に散乱される電子の強度を測定した．すると，X 線が散乱される場合と同じように，干渉パターン（図 1.1）が観測された．電子顕微鏡のはじまりである．

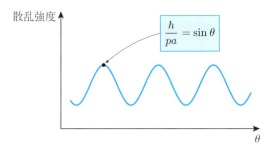

図 1.1　電子-強度の角度分布の概略図

視覚的には，運動量のそろった電子の「波」は結晶内に規則正しく並ぶ原子に散乱される結果，図 1.2 に示すように，隣り合う原子から散乱される波の位相がそろう方向に波の振幅が強め合うような干渉をすると考える．格子定数 a（隣り合う原子の間隔）がすでに X 線の散乱実験からわかっている場合，電子の散乱強度が極大になる方向から，波長を特定できる．格子面に垂直に電子を照射した場合，散乱角を θ として，光学に出てくる「光路差」に対応する距離は，$a \sin \theta$ となる．すると，強め合う条件は，1 以上の自然数 n に対して，

$$a \sin \theta = n\lambda \tag{1.2}$$

を満たすことが期待される．これは，まさに X 線結晶学で出てくるブラッグ (Bragg) の公式に相当する．厳密には式 (1.2) からの補正が必要であるが，電

1.1 ド・ブロイ波

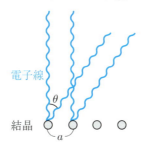

図 1.2　電子の結晶による散乱の概略図

子強度の極大を与える散乱角の実測値との比較により，波長が式 (1.1) により与えられることが示されたのである．

今日ではさらに，光学における **2 重スリット**によるヤング (Young) の干渉実験を模した，電子線の 2 重スリットによる干渉実験が実現されている．この結晶に比べて理想化された状況は，思考実験としてファインマン (Feynman) の有名な講義録でも用いられているが，いまやローレンツ (Lorentz) 干渉型電子顕微鏡を用いることにより外村らにより実現され，その成果を量子力学により「記述」することが可能である．したがって，本書においても，電子の 2 重スリット実験が量子力学的事象の典型例としてしばしば取り上げられることとなる．さらに量子力学の「解釈」にまで立ち入ることは興味深いが，少なくとも現時点では非自明であるため，本書では必要最小限にとどめることになる．

物質波が典型的なスケールに比べて短波長の場合，系の古典的なふるまいが再現される．その場合は，電子のふるまいを従来通り粒子の運動として追えばよいことになる．厳密には正確ではないものの，古典物理学が多くの場合，よく電子の運動を記述する所以である．金属中の自由電子の常温でのふるまいは，不純物の効果を除けば，基本的に古典力学に従うのである．

ここで，プランク定数の値について述べておこう．歴史的には，プランクが黒体輻射の現象を説明すべく，現象論的に 6.55×10^{-34} kg m^2/s と与えられた．それから 100 年以上の時を経た今日，量子ホール効果などの量子現象の発見によりプランク定数の測定精度が飛躍的に向上した．これらの測定値に基づいてプランク定数値を $6.62607015 \times 10^{-34}$ kg m^2/s と固定することによりキログラムを再定義する**国際単位系**の改定が 2019 年 5 月より施行されている．

4 第 1 章 量子力学事始め

この新たな国際単位系は，従来のキログラム原器に頼らないものであり，将来の微小な質量の正確な測定に役立つものと期待されている．

1.2 ボーアの理論

　量子力学の成立に直接的に寄与したもう一つの実験事実として，**水素原子**のスペクトルが挙げられよう．19 世紀後半から 20 世紀初頭にかけて，当時の分光技術で明確に，赤外〜紫外領域において，励起した水素原子から放出された光の波長が測定された．得られた波長値はとびとびであり，バルマー(Balmer) によって，可視光領域で経験式で表現され，この式はのちにリュードベリ (Rydberg) の公式

$$\frac{1}{\lambda} = R\left(\frac{1}{n_1^2} - \frac{1}{n_2^2}\right) \tag{1.3}$$

として一般化された．ここで，n_1, n_2 は 1 以上の自然数で $n_1 < n_2$ を満たす．また，$R = 1.0973731568157(12) \times 10^7 \ \mathrm{m}^{-1}$ は**リュードベリ定数**と呼ばれ，のちに物理定数で表されることを見る．ここで，括弧内の数字は表示されている数値の最後の 2 桁の標準不確かさを表す．

　まず，水素原子中の電子の運動に関する古典力学からの知見を整理しておこう．円軌道を描く電子が進行方向を変える際に光を発すること（制動輻射）によって恒常的にエネルギーを失い，最終的に陽子に接触することが想定される[1,2]．しかし制動輻射によって生じる光の波長は連続的であり，実験を再現することはできない．

　そこで，ボーア (Bohr) が考えたように，水素原子中の電子が，とびとびの半径値をもつ円軌道を描くとしよう．ここで，円運動の中心は，静止した陽子

---

[1] 制動輻射自体は量子論の範囲でも起こりうるが，電子が十分な運動エネルギーをもっている場合に限られ，本書がカバーする範囲外にある（ランダウ＝リフシッツ理論物理学教程「相対論的量子力学 1」（東京図書）を参照されたい.）．

[2] 21 世紀に入り，陽子の半径（厳密には電荷の分布を加味した平均自乗半径）に混乱が生じている．具体的には，2 種類の実験データ，即ち電子・陽子間の弾性散乱，μ 粒子（電子の約 200 倍の質量をもつ以外，電子と基本的に同じ性質をもつ）が電子に置き換わった水素原子のスペクトルに基づく陽子半径の推定値間に，統計的に有意なずれがある．

1.2 ボーアの理論 **5**

の重心に固定されているものとする（陽子の質量が無限に大きいとした場合に相当するが，陽子が電子の約 2000 倍の質量をもつため，よい近似である）．より具体的には，最小の半径値（いわゆる**ボーア半径**（後述））が存在し，その軌道に至れば安定であるが，ボーア半径より大きな半径値をもつ円軌道にある電子は，その限りではないと考える．そのためにまず，円軌道を描く電子がもつ角運動量の大きさ L が

$$L = n\hbar \tag{1.4}$$

に従うとびとびの値をもつものとする（ボーアの仮説）．ここで，$\hbar \equiv \frac{h}{2\pi}$，$n$ は 1 以上の自然数であり，しばしば**主量子数**と呼ばれる．なお，式 (1.1) からわかるように，プランク定数の次元は角運動量の次元と一致することに注意しよう．

一方，古典的な円運動は，電子の質量を m_e，電荷を e，軌道半径を r，速さを v とすると，陽子・電子間の**クーロン (Coulomb) 相互作用**が向心力となる運動方程式

$$\frac{m_e v^2}{r} = \frac{e^2}{4\pi\varepsilon_0 r^2} \tag{1.5}$$

により記述される．ここで，ε_0 は真空の誘電率である．なお，制動輻射や磁気的な相互作用等は，本書が扱う非相対論的な枠組み（光速を無限大とする場合に相当）においては無視できる．

式 (1.4), (1.5)，および $L = m_e rv$ より v を消去して得られる軌道半径値を r_n とすると，

$$r_n = n^2 r_B \tag{1.6}$$

と書ける．r_n のスケールの概略は図 1.3 に示す通りである．ここで，

$$r_B = \frac{4\pi\varepsilon_0 \hbar^2}{m_e e^2} \tag{1.7}$$

はボーア半径と呼ばれ，約 $0.5\,\text{Å}$（**オングストローム** Å は $10^{-10}\,\text{m}$ に相当）の大きさである．これは，原子のスケールを特徴づける大変重要な量であり，この小ささこそが「量子力学がミクロな系を対象とする」としばしば言われる所以である．

各軌道に対して，電子の力学的エネルギーは

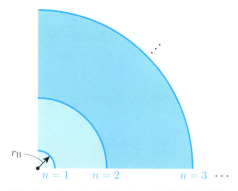

図 1.3 ボーアの理論における電子軌道半径

$$E_n = \frac{L^2}{2m_e r_n^2} - \frac{e^2}{4\pi\varepsilon_0 r_n} \tag{1.8}$$

で与えられる．この式に式 (1.4), (1.6) を代入すると，

$$E_n = -\frac{e^2}{8\pi\varepsilon_0 r_B} \frac{1}{n^2} \tag{1.9}$$

が得られる．図 1.4 に示すように E_n を縦に並べたものを**エネルギー準位**と呼ぶ．E_n は負であり，n が大きいほど E_n の絶対値は小さくなる，即ち電子の束縛が弱くなるのである．$n=1$ の状態は**基底状態**，$n>1$ の状態は**励起状態**と呼ばれる．

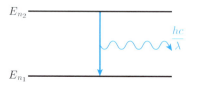

図 1.4 ボーアの理論におけるエネルギー準位

式 (1.9) は，二つの重要な意味をもつ．一つは，前述の光電効果からの帰結，具体的には，波長 λ の光は，光速度を c とするとエネルギー

$$E = \frac{hc}{\lambda} \tag{1.10}$$

1.3 確率振幅：2 重スリット実験　　**7**

をもつ粒子とみなせる，という経験的知見と組み合わせることにより，式 (1.3)
を導出できることである．実際，励起された水素原子から放出される光のエネ
ルギーが，電子が図 1.4 のエネルギー準位のうち n_2 番目の準位からより下の
n_1 番目の準位に遷移する際に電子が解放するエネルギーに相当すると考える．
これは，電子と光からなる系における**エネルギー保存則**

$$\frac{hc}{\lambda} = E_{n_2} - E_{n_1} \tag{1.11}$$

に対応する．ここで式 (1.10) を用いた．この式は，

$$R = \frac{m_e e^4}{8\varepsilon_0^2 h^3 c} \tag{1.12}$$

とおけば，式 (1.3) に対応する．かくしてリュードベリ定数 R は物理定数のみ
で表現される．式 (1.12) が，式 (1.9) のもたらすもう一つの重要な帰結である．

── 例題 1 ──

式 (1.11) と式 (1.3) を比較することにより，式 (1.12) を導出せよ．

【解答例】　式 (1.11) を hc で割ると，

$$\begin{aligned}
\frac{1}{\lambda} &= \frac{E_{n_2} - E_{n_1}}{hc} \\
&= \frac{e^2}{8\pi hc\varepsilon_0 r_B}\left(\frac{1}{n_1^2} - \frac{1}{n_2^2}\right) \\
&= \frac{m_e e^4}{8\varepsilon_0^2 h^3 c}\left(\frac{1}{n_1^2} - \frac{1}{n_2^2}\right)
\end{aligned} \tag{1.13}$$

より，式 (1.12) が成り立つ．ここで，1 行目から 2 行目の変形においては式 (1.9)
を，2 行目から 3 行目の変形においては式 (1.7) を用いた．　　　　　　□

1.3 確率振幅：2 重スリット実験

いよいよ，以上で述べた知見から抽出される量子力学の本質にせまろう．そ
のためには，ファインマンが考えたように，典型的な例として，運動量の大き
さがそろった電子がある場所からいろいろな方向にぱらっぱらっと出射する場

合の2重スリット実験[3]を考えれば十分である．図 1.5 (a) にその模式図を示す．ここで，壁は電子を跳ね返す材質でできており，スリットの幅は電子のド・ブロイ波長より十分短いとする．電子が検出器に届くとカウントされ，検出器の位置を変えながら，カウント数を記録するのである．

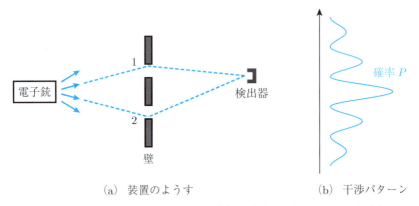

(a) 装置のようす　　　　(b) 干渉パターン

図 1.5　電子の2重スリット実験の模式図（壁が固定されている場合）

電子が波のようにふるまうため，波の振幅に対応する量，即ち**確率振幅** ϕ を導入しよう．ϕ が**複素数**であると仮定することにより，量子力学的事象をはじめて説明できるのである．その代償として，確率振幅そのものの観測可能性は自明ではなくなるが，その大きさや位相を知ることにより，電子の挙動を理解することができる．

そのためにまず，以下の事象を考えよう．

事象 A：電子がスリット 1, 2 のどちらを通るかをとわずに検出器において見出される．

事象 A の起きる**確率** P は，確率振幅 ϕ の絶対値の自乗，即ち

$$P = |\phi|^2 \tag{1.14}$$

---

[3] 本書では，電子の2重スリット実験に関連する内容が頻繁に登場するが，ファインマン物理学（第5巻・量子力学・岩波書店）を基にしている．より詳しい内容を学びたい読者は，この文献を参照されたい．

で与えられる.

ここで, 電子がスリット i $(i = 1, 2)$ を通って検出器に至る過程に対する確率振幅を ϕ_i とすると,

$$\phi = \phi_1 + \phi_2 \tag{1.15}$$

が成立する. すると, $P = |\phi_1 + \phi_2|^2$ がカウント数に対応し, 観測の結果, 図 1.5 (b) のような干渉パターンが生じる.

例題 2

電子がスリット 1, 2 のどちらを通ったかわかるように実験を行うとすると, 検出器において電子が見出される確率 Q は, それぞれの事象が起こる確率の和, 即ち, $Q = |\phi_1|^2 + |\phi_2|^2$ で与えられる. 一般に $P \neq Q$ であり, 結果として干渉が失われることを示せ.

【解答例】 $\phi_1 = a_1 + ib_1$, $\phi_2 = a_2 + ib_2$ と実部と虚部に分けよう. すると, $P = (a_1 + a_2)^2 + (b_1 + b_2)^2$, $Q = a_1^2 + a_2^2 + b_1^2 + b_2^2$ となり, 一般に $P \neq Q$ が成り立つ. 干渉の有無を調べるには, 互いの差 $P - Q = 2(a_1 a_2 + b_1 b_2)$ を見るとよい. 実際, $\phi_1 = |\phi_1|(\cos\theta_1 + i\sin\theta_1)$, $\phi_2 = |\phi_2|(\cos\theta_2 + i\sin\theta_2)$ とすると, $P - Q \propto \cos\theta_1 \cos\theta_2 + \sin\theta_1 \sin\theta_2 = \cos(\theta_1 - \theta_2)$ となる. 最後の変形では, 加法定理を用いた. このように, P にはスリット 1 を通る物質波とスリット 2 を通る物質波の位相差に依存した項, 即ち干渉項が現れる. この干渉項が Q においては消失するのである. □

以上のように, 電子の挙動についてせいぜいわかるのはある事象が起こる確率である. しかし, 粒子としての電子は, ぱかっと分かれてスリット 1, 2 の両方を通ることはありえず, スリット 1 を通るかスリット 2 を通るかのどちらかである. すると, 干渉を損なわずに電子がどちらのスリットを通ったかが判定できそうであるが, 次節で見るように, それを判定するための装置は存在しないのである.

1.4 量子力学を守る：不確定性原理

ハイゼンベルク (Heisenberg) によれば，電子の挙動について，位置の不確かさを Δx，運動量の不確かさを Δp とすると，

$$\Delta x \Delta p \gtrsim h \tag{1.16}$$

が成り立つ（**不確定性原理**）．図 1.5 の 2 重スリット実験においては，壁やスリットは固定されているため，電子の位置の不確かさはスリットの位置の不確かさからは生じない．何らかの方法で電子の運動量を十分な精度で測定しない限り，どちらのスリットを通るかわからないため，電子の運動量の不確かさは向きがわからないことに起因して，つねに入射運動量程度ある．それに伴う位置の不確かさは物質波の波長程度以上，即ち電子が波としてふるまうため，1 波長分の長さのどのあたりにいるか見当がつかない．

ここで，どちらのスリットを通過したかわかるような仕組みを考えてみよう．図 1.6 のように，摩擦なくスリット片側の壁が動けるようなローラーをつけ，スリット通過時に電子からもらった運動量（大きさ p）を壁の動きから測定したとする．このときの測定誤差を，壁の移動方向における運動量保存則を頼りに，電子の運動量の不確かさ Δp と同定すると，電子が通過したスリット近傍での電子の位置の不確かさは，式 (1.16) により $\Delta x \gtrsim \frac{h}{\Delta p}$ となる．他方，確かに壁が電子から運動量をもらったことを判定するためには，

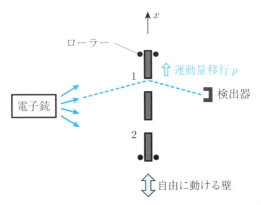

図 1.6 電子の 2 重スリット実験で壁が可動式の場合の模式図

1.4 量子力学を守る：不確定性原理

$$p > \Delta p \tag{1.17}$$

を満足する必要がある．

ここで，電子が壁に与える運動量を詳細に記述しよう．この電子は，スリット 1 を通過し，干渉縞のうち最大の山に向かうものとする．壁の質量が電子の質量より圧倒的に大きいことに着目すると，図 1.7 に示すように，入射運動量の大きさ p_{in} と出射運動量の大きさ p_{out} は等しいと考えてよい．壁の垂直方向に対して電子の入射方向が角度 θ をなすとすると，二等辺三角形の性質から，電子が壁に与える運動量の大きさの半分 $\frac{p}{2}$ は $p_{\text{in}} \sin\theta$ と等しくなる．すると，ド・ブロイ波長 $\lambda = \frac{h}{p_{\text{in}}}$ について，

$$\lambda = \frac{2h \sin\theta}{p} \tag{1.18}$$

が成り立つ．式 (1.16)–(1.18) を組み合わせることにより，電子が通過したスリット近傍での電子の位置の不確かさは，次の式を満足する．

$$\Delta x \gtrsim \frac{\lambda}{2 \sin\theta}. \tag{1.19}$$

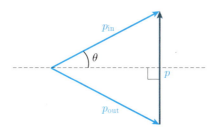

図 1.7　スリットを通過する前後の電子の運動量

すると，以下のような結果が想定される．電子が通過したスリットは壁の動きから判定できるが，電子が通過したスリット近傍での電子の位置の不確かさが壁に平行な成分に関して式 (1.19) を満たすため，検出器に達する経路の長さが壁を固定した場合と比べて半波長程度以上ずれうるのである．すると，干渉縞の極大・極小の区別がつかなくなり，干渉縞が消失することが想定される．このように，不確定性原理が干渉縞を損なわずに電子がどちらのスリットを通過したかを判定できる装置の存在を否定してくれるおかげで，1.3 節に述べた

量子力学の本質が守られるのである.

注意 可動式の壁を用意する以外にも,電子が通過したスリットを判定する方法を考えることができる.たとえば,ボーアは電子が荷電粒子であることに着目した思考実験を考案した.電子の運動に影響を与えないようにスリットから十分離れた位置に検出器を置く.この検出器を用いて,二つのスリットを電子が通過する際に検出器において作る電場の微小な違いを検出するのである.これが電子の位置・運動量に対する不確定性関係からくる電場の不確かさより大きくなるような工夫ができたとすると,一見干渉縞を損なわずに電子が通過したスリットを判定できることになりそうである.しかし,電子がスリットを通過する際の軌道変化に伴って発する輻射が「量子化」されていることにより,電子のもつ波としての位相が乱され,結果として干渉縞が消失すると考えるのである.そもそも検出には電子が現実よりずっと大きな電荷をもつことが必要であるため思考実験の域を超えてはいないが,輻射が量子化されることが要求されることは実に興味深い.

⬤⬤⬤⬤⬤⬤⬤⬤ **演 習 問 題** ⬤⬤⬤⬤⬤⬤⬤⬤

演習 1.1 陶磁器を作る窯のように,光を漏らさない物質で空洞を作り,内部温度 T を一定に保つ.空洞内では熱励起した内壁の物質が,光の放出と吸収を繰り返す熱平衡状態にあるので,光も内部温度を反映した熱平衡状態となる.振動数 ν の「1 個」の光のエネルギーを $E_\nu = h\nu$(量子仮説)として,プランクの公式を導け[4].

演習 1.2 光が粒子としての運動量をもつことは,**コンプトン (Compton) 効果**の検証で明らかになった[5].アインシュタインが提唱したように光子が $E = h\nu \ (= c|\boldsymbol{p}|)$ のエネルギーをもち[6],さらに運動量 $|\boldsymbol{p}| = \frac{h\nu}{c} = \frac{h}{\lambda}$ をもつと仮定すると,単波長 (λ) X 線の散乱実験結果(コンプトン効果:入射 X 線の波長 λ より長い波長 λ' の散乱

---

[4] プランクの公式 $u(\nu; T)$ とは,温度 T の空洞内において,振動数が ν から $\nu + d\nu$ の間にある光のエネルギーが $u(\nu; T)\, d\nu$ と与えられる関数のことである.したがって,その積分値 $\int_0^\infty u(\nu; T)\, d\nu$ は全エネルギーを与える.

[5] アインシュタインが提唱した光電効果は $(E_e)_{\max} = h\nu - W$ と表現できる.ここで,$(E_e)_{\max}$ は電子の運動エネルギーの最大値,W は仕事関数である.この関係はミリカン (Millikan) の実験により実証された.しかし,この式自体は,電子が受け取る光のエネルギーは $h\nu$ 単位である,ということのみを意味し,光子の運動量については言及しない.

[6] 特殊相対性理論の帰結として,質量 m の粒子のエネルギーは,運動量を $\boldsymbol{p}$ とすると,$E = c\sqrt{\boldsymbol{p}^2 + m^2 c^2}$ となり,光速で移動する粒子(質量ゼロ)のエネルギーは $E = c|\boldsymbol{p}|$ となる.

演 習 問 題　　　　**13**

X線も検出される）が再現される．これは，光を電磁波と考えては説明できない．な
ぜなら，一般に古典電磁気学において電磁波の物質による散乱や反射は，電磁波があ
る単波長の光（たとえば直線偏光）であれば，照射された物質はその中の荷電粒子に
その振動数と同じ振動数の双極子振動が誘発され，双極子振動から新たに同じ振動数
の電磁波がマクスウェル (Maxwell) 方程式に従って各方向に放出されるからである．
つまり，入射波と反射波の波長は変わらない．しかし，光子を仮定すれば入射光と散
乱光の波長の違いについて説明できる．

　そこで静止した電子の光子による散乱を考える．$\boldsymbol{p}$ を散乱後の電子の運動量，入射
光（光子）の波長を λ，散乱光（光子）の波長を λ'，$\boldsymbol{e}_\mathrm{i}$ と $\boldsymbol{e}_\mathrm{f}$ をそれぞれ光子の入射
方向と散乱方向の単位ベクトルとすれば，エネルギー・運動量保存則は

$$\frac{ch}{\lambda} + m_\mathrm{e}c^2 = \frac{ch}{\lambda'} + c\sqrt{\boldsymbol{p}^2 + m_\mathrm{e}^2 c^2}, \tag{1.20}$$

$$\frac{h}{\lambda}\boldsymbol{e}_\mathrm{i} = \frac{h}{\lambda'}\boldsymbol{e}_\mathrm{f} + \boldsymbol{p} \tag{1.21}$$

となる．これらの式から以下の関係式を導け．

$$\lambda' - \lambda = (1 - \cos\theta)\frac{h}{m_\mathrm{e}c}. \tag{1.22}$$

ここで θ は光子の散乱角である．上式はX線を使った散乱実験結果（コンプトン散
乱）を再現する．

第2章

1次元のポテンシャル問題

前章で量子力学の本質を抽出した．この章では，いよいよ次の段階，系が一つの粒子のみから成り，粒子が空間内のある直線上にのみ存在する場合のポテンシャル問題を考える[1]．この問題は，ニュートン (Newton) の運動方程式（時間に関する微分方程式）の解法とは異なり，定常状態を記述するために，ある特定のエネルギー，境界条件のもとで，波動方程式の解を求めるという「波動力学」の問題に帰着される．本章の最後に自由粒子を考え，波束の時間発展の様子を記述する．

2.1 確率振幅の時間発展

前章の範囲では，時間に関する記述は全くなかったものの，実はそのヒントが与えられている．波長 λ の光は，エネルギー $E = \frac{hc}{\lambda}$ をもつ粒子（光子）とみなせた．ここで，$\frac{c}{\lambda}$ は振動数 ν に相当する．一方，光子の運動量 p は，ド・ブロイ波長 (1.1) より波長と結びつく．これらのエネルギー・運動量と振動数・波長との関係は，一つの重要な関係を生む．その関係を見るにあたり，x 方向に伝播する光の状態を表す確率振幅が，古典的な波の振幅を実部にもつ複素数

$$\phi(x,t) = e^{i\left(\frac{2\pi x}{\lambda} - 2\pi\nu t\right)} \tag{2.1}$$

によってナイーブに表現できるとしよう．すると，$\phi(x,t)$ は，運動量が決まっているため光子がどこにいるのか全くわからない状況，即ち確率が位置によら

---

[1] このような状況設定は，以前はより現実的な問題を解くための最初のステップという位置づけであった．しかし，その後の実験の進展により，ポリアセチレンのように，鎖状につらなった高分子中を電子が伝導する状況や，レーザーで作成した1次元のポテンシャル中に原子を置いた場合など，直線の垂直方向への運動が著しく制限された状況を想定することができる．しかも粒子数が十分少ない場合は，1体問題として系の状態を記述することができそうである．

2.1 確率振幅の時間発展　　**15**

ないことを保証する. 実際, $|\phi(x,t)|^2$ は定数である.

次に, 確率振幅が

$$\phi(x,t) = e^{\frac{i}{\hbar}(px-Et)} \tag{2.2}$$

と書けることに着目しよう. ここで, $\hbar = \frac{h}{2\pi}$ であり, 式 (1.1) と $E = h\nu$ を用いた. 確率振幅に $i\hbar \frac{\partial}{\partial t}$, $\frac{\hbar}{i} \frac{\partial}{\partial x}$ をかけると,

$$i\hbar \frac{\partial}{\partial t} \phi(x,t) = E e^{\frac{i}{\hbar}(px-Et)}, \tag{2.3}$$

$$\frac{\hbar}{i} \frac{\partial}{\partial x} \phi(x,t) = p e^{\frac{i}{\hbar}(px-Et)} \tag{2.4}$$

を得る. これらの式は,

$$i\hbar \frac{\partial}{\partial t} \quad \leftrightarrow \quad E, \tag{2.5}$$

$$\frac{\hbar}{i} \frac{\partial}{\partial x} \quad \leftrightarrow \quad p \tag{2.6}$$

という関係を示唆する.

ここで, 関係 (2.5), (2.6) が, 自由にふるまう光子だけでなく, 1 粒子が保存力のもとで非相対論的に 1 次元運動をする場合にも適用できるとしよう. この場合, 力学的エネルギーが保存されるため, 古典的には

$$H(x,p) = E \tag{2.7}$$

が成り立つ. ここで,

$$H(x,p) = \frac{p^2}{2m} + V(x) \tag{2.8}$$

は古典的ハミルトニアンで, m は粒子の質量, $V(x)$ は粒子の位置エネルギーである. ここで, 関係 (2.5), (2.6) を代入すると,

$$-\frac{\hbar^2}{2m} \frac{\partial^2}{\partial x^2} + V(x) = i\hbar \frac{\partial}{\partial t} \tag{2.9}$$

を得る. これは, 演算子のみの式であるが, 左辺と右辺をひっくり返し, さらに演算子が作用すべき関数として確率振幅 $\psi(x,t)$ をとると,

$$i\hbar \frac{\partial \psi(x,t)}{\partial t} = \left\{ -\frac{\hbar^2}{2m} \frac{\partial^2}{\partial x^2} + V(x) \right\} \psi(x,t) \tag{2.10}$$

が得られる．この式は**シュレーディンガー方程式**と呼ばれる．この式は波の振幅が時間，空間の各点において変化していく様子を決定するため，波動方程式の一種である．したがって確率振幅は**波動関数**とも呼ばれる．

数学的に簡単にするため，わざわざ1次元の運動（粒子の座標x）を考えてきたが，応用上は3次元空間中の運動（粒子の座標$\boldsymbol{x}$）が重要になるのは言うまでもない．その詳細には次章で触れるが，対応するシュレーディンガー方程式を先に与えておくこととする．それは，古典的な運動エネルギーが，運動量 $\boldsymbol{p}$ の x, y, z 成分を p_x, p_y, p_z とすると $\frac{p_x^2+p_y^2+p_z^2}{2m}$ のように書けることに対応して，

$$i\hbar\frac{\partial}{\partial t}\psi(\boldsymbol{x},t) = \left\{-\frac{\hbar^2}{2m}\boldsymbol{\nabla}^2 + V(\boldsymbol{x})\right\}\psi(\boldsymbol{x},t) \tag{2.11}$$

のように書ける．ここで，$\boldsymbol{\nabla}$ は**ナブラ演算子**

$$\boldsymbol{\nabla} \equiv \begin{pmatrix} \frac{\partial}{\partial x} \\ \frac{\partial}{\partial y} \\ \frac{\partial}{\partial z} \end{pmatrix} \tag{2.12}$$

である．このナブラ演算子を用いて，関係 (2.6) は

$$\frac{\hbar}{i}\boldsymbol{\nabla} \quad \leftrightarrow \quad \boldsymbol{p} \tag{2.13}$$

と拡張される．

次に，式 (2.11) から導かれる重要な帰結，**確率の保存則**について論じよう．粒子を $\boldsymbol{x}$ の位置に見出す確率が式 (1.14) に基づいて $|\psi(\boldsymbol{x},t)|^2$ と表されることに注意する．粒子が消失しないとすれば，

$$1 = \int d^3x\,|\psi(\boldsymbol{x},t)|^2 \tag{2.14}$$

と書ける．ここで，**確率密度**

$$\rho(\boldsymbol{x},t) \equiv |\psi(\boldsymbol{x},t)|^2 \tag{2.15}$$

を導入するのは自然である．局所的には，図2.1 のように確率の流れがあれば，それに応じて確率密度が変化してもよい．実際，

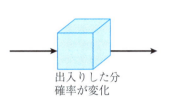

図 2.1 局所的な確率流束の出入り

2.1 確率振幅の時間発展 **17**

$$\boldsymbol{j}(\boldsymbol{x},t) = \frac{\hbar}{2mi}\left\{\psi^*(\boldsymbol{x},t)\boldsymbol{\nabla}\psi(\boldsymbol{x},t) - \psi(\boldsymbol{x},t)\boldsymbol{\nabla}\psi^*(\boldsymbol{x},t)\right\} \quad (2.16)$$

を**確率流束**とすると，流体力学における質量保存則同様，

$$\frac{\partial \rho}{\partial t} + \boldsymbol{\nabla}\cdot\boldsymbol{j} = 0 \qquad (2.17)$$

が成り立つ．

── 例題 3 ──

式 (2.17) を導け．

【解答例】
$$\begin{aligned}
\frac{\partial \rho}{\partial t} &= \frac{\partial \psi^*}{\partial t}\psi + \psi^*\frac{\partial \psi}{\partial t} \\
&= \frac{\hbar}{2mi}\boldsymbol{\nabla}\cdot(\psi\boldsymbol{\nabla}\psi^* - \psi^*\boldsymbol{\nabla}\psi) \\
&= -\boldsymbol{\nabla}\cdot\boldsymbol{j} \qquad (2.18)
\end{aligned}$$

より，式 (2.17) が成り立つ．ここで，1 行目から 2 行目の変形において，$\frac{\partial \psi}{\partial t}$ と $\frac{\partial \psi^*}{\partial t}$ にシュレーディンガー方程式 (2.11) を適用した． $\square$

式 (2.11) は時間に関する偏微分を含むため，**時間に依存するシュレーディンガー方程式**と呼ばれる．エネルギー E と時間微分の関係 (2.5) を利用して，時間依存性を外すことができる．この手法は，古典力学において力学的エネルギー保存則を用いることと等価である．すると，波動関数の時間依存性を外して，

$$\left\{-\frac{\hbar^2}{2m}\boldsymbol{\nabla}^2 + V(\boldsymbol{x})\right\}\psi(\boldsymbol{x}) = E\psi(\boldsymbol{x}) \qquad (2.19)$$

を得る．これは**時間に依存しないシュレーディンガー方程式**と呼ばれる．なお，時間に依存する波動関数 $\psi(\boldsymbol{x},t)$ と依存しない波動関数 $\psi(\boldsymbol{x})$ の関係は，

$$\psi(\boldsymbol{x},t) = e^{-i\frac{Et}{\hbar}}\psi(\boldsymbol{x}) \qquad (2.20)$$

で与えられる．ここで，$\psi(\boldsymbol{x}) \equiv \psi(\boldsymbol{x}, t=0)$ とおいた．確率密度については，$|\psi(\boldsymbol{x},t)|^2 = |\psi(\boldsymbol{x})|^2$ が成り立つため，系は定常状態にあると解釈できる．

18　　　　第 2 章　1 次元のポテンシャル問題

　この章では，1 次元のポテンシャル問題を主に考えるため，式 (2.19), (2.20)
を 1 次元化すると，

$$\left\{-\frac{\hbar^2}{2m}\frac{d^2}{dx^2}+V(x)\right\}\psi(x)=E\psi(x), \tag{2.21}$$

$$\psi(x,t)=e^{-i\frac{Et}{\hbar}}\psi(x) \tag{2.22}$$

が得られる．なお，確率に関する式 (2.14)–(2.17) は，

$$1=\int_{-\infty}^{\infty}dx\,|\psi(x,t)|^2, \tag{2.23}$$

$$\rho(x,t)\equiv|\psi(x,t)|^2, \tag{2.24}$$

$$j(x,t)=\frac{\hbar}{2mi}\left\{\psi^*(x,t)\frac{\partial}{\partial x}\psi(x,t)-\psi(x,t)\frac{\partial}{\partial x}\psi^*(x,t)\right\}, \tag{2.25}$$

$$\frac{\partial\rho}{\partial t}+\frac{\partial j}{\partial x}=0 \tag{2.26}$$

と書ける．ここで，確率流束 j は正負の値をもちえて，それぞれ x 軸の正負の
方向への流れに相当することに注意しよう．

2.2　井戸型ポテンシャル

　ポテンシャル問題でよく扱われる例は，いわゆる**束縛状態**である．ポテン
シャルの高さが無限大になって，**固有波動関数**という波がそこ（固定端）で跳ね
返されるか，そうでなくても有限の高さのポテンシャルの山が限りなく続く場
合，固有波動関数が山を進行するに従って漸近的に指数関数的に減衰しさえす
れば，粒子は束縛されたままで外に逃げないと考えられるのである[2]．一般にこ
れらの境界条件により，**エネルギー固有値が離散的**に出てくるため，量子力学
ならではの典型的な問題となる．ここで考える**井戸型**のポテンシャルは**図 2.2**
に示す通りである．古典的な粒子の場合は，井戸の底より上であればどんな負
のエネルギーに対しても，井戸の中で壁に跳ね返されつつ左右を行き来する解
が得られるが，以下で見るように，物質波が違いをもたらすのである．

---

[2] あとで見るように，確率が外に逃げない．

2.2 井戸型ポテンシャル

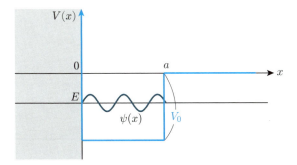

図 2.2　1 次元井戸型ポテンシャル

ポテンシャルの式は,

$$V(x) = \begin{cases} \infty, & x < 0 \\ -V_0, & 0 \leq x \leq a \\ 0, & a < x \end{cases} \tag{2.27}$$

で与えられる．このポテンシャルを時間に依存しない波動方程式 (2.21) にあてはめて,

$$\begin{cases} \psi = 0, & x < 0 \\ \dfrac{d^2\psi}{dx^2} + k_1^2\psi = 0, & 0 \leq x \leq a \\ \dfrac{d^2\psi}{dx^2} - k_2^2\psi = 0, & a < x \end{cases} \tag{2.28}$$

が解くべき方程式となる．ここで, $k_1^2 \equiv \frac{2m(E+V_0)}{\hbar^2}$, $k_2^2 \equiv -\frac{2mE}{\hbar^2}$ である．上述したように, $-V_0 < E < 0$ の範囲で解を探るが, このとき, k_1^2, k_2^2 とも正の実数となる. k_1, k_2 も正の実数にとることにより, それらの逆数に 2π をかけたものが, 井戸の中, 井戸の右側でのド・ブロイ波長と解釈できるのである．井戸の左側では, ポテンシャルが正に発散するため, シュレーディンガー方程式 (2.21) を満たそうと思えば, 波動関数はゼロとならざるをえない．粒子にとっては不可侵の領域, まさに巨大な壁となるのである．

次に, $x \geq 0$ で微分方程式 (2.28) の一般解を与えておこう．これは 2 階線形常微分方程式の問題であり, その一般解はよく知られている．具体的には,

20　　　　　　　第 2 章　1 次元のポテンシャル問題

$$\psi(x) = \begin{cases} A_1 \cos k_1 x + A_2 \sin k_1 x, & 0 \leq x \leq a \\ B_1 e^{k_2 x} + B_2 e^{-k_2 x}, & a < x \end{cases} \tag{2.29}$$

となる．ここで，A_1, A_2, B_1, B_2 は複素数であり，すぐあとで見るように，$x \to 0, \infty$ における**境界条件**，$x = a$ における**連続条件**により，これらの複素数の間の関係が与えられる．

── 例題 4 ──────────────────────────

解 (2.29) を導け．

─────────────────────────────

【解答例】　まず，$0 \leq x \leq a$ を考える．e^{kx} の形の解を仮定すると，微分方程式 (2.28) に代入することにより，$k^2 + k_1^2 = 0$，したがって $k = \pm i k_1$ を得る．微分方程式の線形性より，$e^{ik_1 x}$, $e^{-ik_1 x}$ の解を重ね合わせることができる．したがって，一般解は

$$\psi(x) = C_1 e^{ik_1 x} + C_2 e^{-ik_1 x} \tag{2.30}$$

と書ける．ここで，C_1, C_2 は積分定数である．オイラー (Euler) の公式（実数 θ に対して，$e^{i\theta} = \cos\theta + i\sin\theta$）を用いると，式 (2.29) の上段が得られる．ここで，$A_1 = C_1 + C_2$, $A_2 = i(C_1 - C_2)$ である．

次に，$a < x$ を考える．同様に e^{kx} の形の解を仮定すると，$k^2 - k_2^2 = 0$，したがって $k = \pm k_2$ を得る．$e^{k_2 x}$, $e^{-k_2 x}$ の解を重ね合わせることにより，一般解として式 (2.29) の下段が得られる．　　　　　　　□

ここで，$x \to 0, \infty$ における境界条件を与えよう．$x < 0$ における壁の存在より，$x \to 0$ では $\psi \to 0$，また，束縛状態を考えているため，$x \to \infty$ でも $\psi \to 0$ となるべきである．これらの条件より，$A_1 = B_1 = 0$ を得る．この時点で，固有波動関数の形は，

$$\psi(x) = \begin{cases} A_2 \sin k_1 x, & 0 \leq x \leq a \\ B_2 e^{-k_2 x}, & a < x \end{cases} \tag{2.31}$$

にまで絞られる．式 (2.31) を式 (2.25) に代入すると，虚部が A_2, B_2 にのみ存在しうることから，$x \geq 0$ で $j(x) = 0$ となることがわかる．確率が遠方に流れ出ることはないのである．

2.2 井戸型ポテンシャル **21**

次に，$x = a$ で課されるべき条件を考える．それは，ψ, $\frac{d\psi}{dx}$ が連続であるというものである．この条件は，確率密度 (2.24) およびその流れ (2.25) が連続であることに相当するため，物理的にもっともである．

— 例題 5

$x = a$ で $\frac{d\psi}{dx}$ が連続であることを，シュレーディンガー方程式 (2.21) より示せ．

【解答例】 式 (2.21) をポテンシャルの不連続点 ($x = a$) の近傍で積分すると，微小な正数を ε として，

$$\int_{a-\varepsilon}^{a+\varepsilon} dx \, \frac{d^2\psi(x)}{dx^2} = \frac{2m}{\hbar^2} \int_{a-\varepsilon}^{a+\varepsilon} dx \left\{ V(x) - E \right\} \psi(x) \tag{2.32}$$

となる．ここで $\varepsilon \to 0$ とすると，左辺は右極限 $\lim_{x \to a+0} \frac{d\psi}{dx}$ と左極限 $\lim_{x \to a-0} \frac{d\psi}{dx}$ の差となり，右辺は一般にゼロとなる．ただし，$V_0 \to \infty$ の場合のようにポテンシャルに無限大のとびがある場合は右辺はゼロでない値をもちうることに注意しよう． □

固有波動関数 (2.31) およびその導関数に，$x = a$ での連続条件を適用することにより，

$$A_2 \sin k_1 a = B_2 e^{-k_2 a}, \tag{2.33}$$

$$A_2 k_1 \cos k_1 a = -B_2 k_2 e^{-k_2 a} \tag{2.34}$$

を得る．ここで，エネルギー固有値と直結する重要なパラメータ k_1, k_2 を決めるべく，両辺の比をとることにより，重要でないパラメータ A_2, B_2 を消去すると，

$$k_1 \cot k_1 a = -k_2 \tag{2.35}$$

が得られる．これが，エネルギー固有値を決める方程式となる．

方程式 (2.35) を解くには，k_1 と k_2 の定義から得られる補助的な関係式

$$(k_1 a)^2 + (k_2 a)^2 = \frac{2ma^2 V_0}{\hbar^2} \tag{2.36}$$

を用いるのがテクニカルなコツである．具体的には，k_1, k_2 を軸とする平面を

考え，第 1 象限中で，式 (2.36) で表される円と式 (2.35) で表される関数の交点が束縛状態に対応することに注目すればよい．交点の座標を読み取ることにより，エネルギー固有値を $E = -\frac{\hbar^2 k_2^2}{2m}$ から求めることができる．典型的な状況を図 2.3 に示す．軸は無次元量 $k_1 a, k_2 a$ にセットするのが便利である．重要な点は，交点があるとすれば，必ずとびとびに現れるという点である．これが，量子力学が「量子」力学たる所以である．

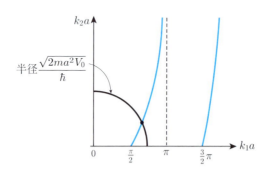

図 2.3　1 次元井戸型ポテンシャル中の束縛状態

最後に，交点はいくつあるのか，交点が存在しない条件はどのようなものか，といった定性的な問題に言及しよう．粒子が井戸に束縛される状態がない，という状況は古典的には想像できないが，量子力学ではありうるのである．そのことを確認するために，図 2.3 中の円の半径 $\frac{\sqrt{2ma^2 V_0}}{\hbar}$ に着目しよう．式 (2.35) で表される関数の方は，$k_1 a$ が π の整数倍に $\frac{\pi}{2}$ だけ小さい値から近づくたびに，$k_2 a$ がゼロから単調に増加し，$+\infty$ に発散するようなふるまいを示す．すると，交点が少なくとも一つ存在する条件は，半径が $\frac{\pi}{2}$ 以上，即ち

$$V_0 \geq \frac{\pi^2 \hbar^2}{8ma^2} \tag{2.37}$$

となる．右辺は，位置の不確定性が a 程度のときの運動量の不確定性が $\frac{\hbar}{a}$ 程度であり，それに伴う運動エネルギー程度の大きさである．このような運動エネルギーは一般に**ゼロ点振動エネルギー**と呼ばれ，ポテンシャルの底に粒子を置いた場合にじっと静止している古典的な状況とは異なり，量子力学的には不確定性原理により粒子がじっとしていられないという事情を反映している．

式 (2.37) が満たされない場合は，束縛状態が存在しない．このような状況は井戸型ポテンシャルの幅を狭めるか，深さを浅くすることにより実現されうる．定性的な表現を試みるなら，粒子のド・ブロイ波長がポテンシャルの幅に比べて十分長ければ，粒子はポテンシャルの存在に無頓着となり，自由にふるまうようになるのである．

逆に，ド・ブロイ波長がポテンシャルの幅に比べて十分短くなれば多くの解が出現するようになる．$-V_0$ から 0 の範囲を E の解が埋め尽くせば，古典的な状況に対応するのである．

2.3 ポテンシャル障壁

前節では直線運動する粒子の束縛状態を問題にしたが，自由にふるまう場合でも，量子力学ならではの特徴が現れる場合がある．その中でも最も簡単な例，即ち**ポテンシャル障壁**の問題を考える．応用例は幅広く，たとえば原子核のアルファ崩壊，核分裂，核融合はすべてポテンシャル障壁がからむ．これらがいち早く，量子力学の対象として取り上げられたことは注目に値する．

ここでは簡単のため，図 2.4 のポテンシャルを考える．ポテンシャルの式は，

$$V(x) = \begin{cases} 0, & x < 0 \\ V_0, & 0 \leq x \leq a \\ 0, & a < x \end{cases} \tag{2.38}$$

で与えられる．ポテンシャルの左から粒子が入射されるものとしよう．古典的には，入射エネルギー E (> 0) がポテンシャル障壁の高さ V_0 より高ければ右側に移動，低ければ跳ね返されるだけであるが，量子力学的にはそのようになるとは限らない．

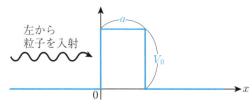

図 2.4　1 次元ポテンシャル障壁

24　　　　　第2章　1次元のポテンシャル問題

まず，$E > V_0$ の場合を考えよう．前節で扱った束縛状態と異なり，$|x| \to \infty$ の領域において，粒子の存在確率は消えることなく一般に残るため，E は特定の値ではなく，すべての実数値をとりうる．故に対応する粒子の状態はしばしば**連続状態**と呼ばれる．ここでも頼りにすべきは，時間に依存しないシュレーディンガー方程式 (2.21) である．時間に依存しない方程式を用いることは，古典力学において，運動方程式の代わりにエネルギー保存則を用いることに似ている．実際，エネルギー保存則はある場所に粒子が存在する場合の速さを与えるが，方程式 (2.21) は，ある場所に粒子が存在する確率を与える．ところで，実際に実験しようとなると，一つの粒子の挙動を追いかけるより，多くの粒子を定常的に入射するのが常である．粒子間の相互作用が無視できる限り，両者の状況は変わらないと考えてよい．

ポテンシャル (2.38) を時間に依存しない波動方程式 (2.21) にあてはめて得られる

$$\begin{cases} \dfrac{d^2\psi}{dx^2} + k^2\psi = 0, & x < 0 \\[2mm] \dfrac{d^2\psi}{dx^2} + k'^2\psi = 0, & 0 \le x \le a \\[2mm] \dfrac{d^2\psi}{dx^2} + k^2\psi = 0, & a < x \end{cases} \tag{2.39}$$

が解くべき方程式となる．ここで，$k^2 \equiv \frac{2mE}{\hbar^2}$, $k'^2 \equiv \frac{2m(E-V_0)}{\hbar^2}$ である．これらは $E > V_0$ より正の実数であり，$k > 0$, $k' > 0$ にとることとする．数学的には前節同様，2階線形常微分方程式の問題となる．式 (2.39) の一般解は

$$\psi(x) = \begin{cases} Ae^{ikx} + Be^{-ikx}, & x < 0 \\ A'e^{ik'x} + B'e^{-ik'x}, & 0 \le x \le a \\ Ce^{ikx} + De^{-ikx}, & a < x \end{cases} \tag{2.40}$$

で与えられる．ここで，A, A', B, B', C, D は複素数であり，すぐあとで見るように，$x \to -\infty, \infty$ における境界条件，$x = 0, a$ における連続条件により，これらの複素数の間の関係が与えられる．

── 例題 6 ─────────────────

解 (2.40) を導け．

2.3 ポテンシャル障壁　　**25**

【解答例】　まず，$0 \leq x \leq a$ を考える．e^{qx} の形の解を仮定すると，微分方程式 (2.39) に代入することにより，$q^2 + k'^2 = 0$，したがって $q = \pm ik'$ を得る．微分方程式の線形性より，$e^{ik'x}$，$e^{-ik'x}$ の解を重ね合わせることができる．したがって，一般解は式 (2.40) の中段のように書ける．

　次に，$x < 0$，$a < x$ を考える．同様に e^{qx} の形の解を仮定すると，$q^2 + k^2 = 0$，したがって $q = \pm ik$ を得る．e^{ikx}，e^{-ikx} の解を重ね合わせることにより，一般解として式 (2.40) の上段および下段が得られる．　　□

　ここで，境界条件を与えよう．粒子は左から入射する，という設定を具体的にどのように記述するかを考えるにあたり，確率流束 (2.25) に着目することが重要である．まず，上述した波動関数の一般解 (2.40) のうち，$x < 0$ のものに着目しよう．式 (2.25) に代入することにより，

$$j(x) = \frac{\hbar k}{m} \left(|A|^2 - |B|^2 \right) \tag{2.41}$$

が得られる．ここで，定常流を扱っているため，j に時間依存性が現れないことに注意しよう．右辺の 2 項の正負から判断すると，$|A|^2$ に比例する部分は入射波，$|B|^2$ に比例する部分は反射波に対応する．

── 例題 7 ──────────────────────

式 (2.41) を導け．
─────────────────────────────

【解答例】　式 (2.25) において時間依存性を無視し，さらに

$$j(x) = \frac{\hbar}{m} \mathrm{Re}\left[\psi^*(x) \frac{1}{i} \frac{d}{dx} \psi(x) \right] \tag{2.42}$$

と変形できることに着目すると，

$$\begin{aligned}
j(x) &= \frac{\hbar}{m} \mathrm{Re}\left[(A^* e^{-ikx} + B^* e^{ikx}) \frac{1}{i} \frac{d}{dx} (A e^{ikx} + B e^{-ikx}) \right] \\
&= \frac{\hbar k}{m} \left\{ |A|^2 - |B|^2 - 2\mathrm{Re}[i\,\mathrm{Im}(A^* B e^{-2ikx})] \right\} \\
&= \frac{\hbar k}{m} \left(|A|^2 - |B|^2 \right).
\end{aligned} \tag{2.43}$$ □

26 第2章 1次元のポテンシャル問題

同様に，$x > a$ の解を代入すると，定常的な確率流束として，

$$j(x) = \frac{\hbar k}{m} \left(|C|^2 - |D|^2 \right) \tag{2.44}$$

が得られる．ここで，右辺の2項のうち負の成分は，粒子が右からも入射する状況を考えない限り，つねにゼロである．したがって障壁の左からのみ入射するという状況では $D = 0$ となる．さらに，正の成分は透過波に対応する．

次に，連続の式 (2.26) を用いて，$x < 0$，$x > a$ における確率流束 (2.41)，(2.44) 間の関係を導こう．定常状態の条件 $\frac{\partial \rho}{\partial t} = 0$ より，連続の式は，

$$\frac{dj}{dx} = 0 \tag{2.45}$$

と書ける．これを，$x < 0$ のある点から $x > a$ のある点まで x について積分することにより，

$$\frac{\hbar k}{m} \left(|A|^2 - |B|^2 \right) = \frac{\hbar k}{m} |C|^2 \tag{2.46}$$

が得られる．対応する状況は，図 2.5 にあるように，大きさ $|j_\mathrm{I}| = \frac{\hbar k}{m} |A|^2$ の入射波が大きさ $|j_\mathrm{R}| = \frac{\hbar k}{m} |B|^2$ の反射波と大きさ $|j_\mathrm{T}| = \frac{\hbar k}{m} |C|^2$ の透過波に分かれることを意味する．式 (2.46) は，

$$|j_\mathrm{I}| = |j_\mathrm{R}| + |j_\mathrm{T}| \tag{2.47}$$

と書き換えると，意味がつかみやすい．また，共通の因子を消去して $|A|^2 = |B|^2 + |C|^2$ と書き換えると，確率の保存とみなすこともできよう．

図 2.5　確率の流れ

さらに，光学になぞらえて，**反射係数** R と**透過係数** T を

$$\begin{aligned} R &\equiv \frac{|j_\mathrm{R}|}{|j_\mathrm{I}|}, \\ T &\equiv \frac{|j_\mathrm{T}|}{|j_\mathrm{I}|} \end{aligned} \tag{2.48}$$

2.3 ポテンシャル障壁   **27**

のように定義しておくと便利である．これらの係数は，式 (2.47) より $R + T = 1$ を満たす．しばしばこの関係は，$|A|^2 = |B|^2 + |C|^2$ を $|A|^2$ で割り，R と T を $\frac{|B|^2}{|A|^2}$ と $\frac{|C|^2}{|A|^2}$ と「定義」することにより得られると説明されるが，この説明が成り立つのは，ポテンシャル障壁の左右でポテンシャルのレベルがそろっている，即ち三つの波の波数が一致している場合に限定されるため，注意を要する．

R, T を決めるには，2.2 節と同様に，$x = 0, a$ での連続条件に着目すればよい．それは，$\psi, \frac{d\psi}{dx}$ が $x = 0, a$ で連続であるというものである．まず，$x = 0$ で波動関数 (2.40) の上段と中段をつなぐことを考えよう．具体的には，

$$A + B = A' + B', \tag{2.49}$$

$$k(A - B) = k'(A' - B') \tag{2.50}$$

を得る．同様に，$x = a$ で波動関数 (2.40) の中段と下段をつなぐにあたり，

$$A'e^{ik'a} + B'e^{-ik'a} = Ce^{ika}, \tag{2.51}$$

$$k'(A'e^{ik'a} - B'e^{-ik'a}) = kCe^{ika} \tag{2.52}$$

に着目する．式 (2.49)–(2.52) は，$\frac{B}{A}, \frac{A'}{A}, \frac{B'}{A}, \frac{C}{A}$ についての連立方程式とみなせる．その解は，

$$\frac{A'}{A} = -\frac{\frac{2k(k+k')}{(k-k')^2}\,e^{-2ik'a}}{1 - \left(\frac{k+k'}{k-k'}\right)^2 e^{-2ik'a}}, \tag{2.53}$$

$$\frac{B'}{A} = \frac{\frac{2k}{k-k'}}{1 - \left(\frac{k+k'}{k-k'}\right)^2 e^{-2ik'a}}, \tag{2.54}$$

$$\frac{B}{A} = \frac{k+k'}{k-k'}\,\frac{1 - e^{-2ik'a}}{1 - \left(\frac{k+k'}{k-k'}\right)^2 e^{-2ik'a}}, \tag{2.55}$$

$$\frac{C}{A} = -\frac{\frac{4kk'}{(k-k')^2}\,e^{-i(k+k')a}}{1 - \left(\frac{k+k'}{k-k'}\right)^2 e^{-2ik'a}} \tag{2.56}$$

となる．

28　　　　　第2章　1次元のポテンシャル問題

───── 例題 8 ─────

式 (2.53)–(2.56) を導け.

【解答例】　式 (2.49), (2.50) より $\frac{B}{A}$ を消去すると,

$$\frac{k+k'}{k}\frac{A'}{A} + \frac{k-k'}{k}\frac{B'}{A} = 2 \tag{2.57}$$

を得る. 次に式 (2.51), (2.52) より $\frac{C}{A}$ を消去すると,

$$\frac{k-k'}{k}\frac{A'}{A} + e^{-2ik'a}\frac{k+k'}{k}\frac{B'}{A} = 0 \tag{2.58}$$

を得る. 式 (2.57), (2.58) を連立すると, 式 (2.53), (2.54) が得られる. さらに, この結果を式 (2.49), (2.51) に代入することにより, 式 (2.55), (2.56) が得られる. □

最後に, 式 (2.55), (2.56) の絶対値の自乗をとることにより, 以下を得る.

$$R = 2\left(\frac{k+k'}{k-k'}\right)^2 \frac{1-\cos 2k'a}{1 + \left(\frac{k+k'}{k-k'}\right)^4 - 2\left(\frac{k+k'}{k-k'}\right)^2 \cos 2k'a}$$
$$= \frac{1}{1 + \dfrac{4E(E-V_0)}{V_0^2 \sin^2 \frac{\sqrt{2ma^2(E-V_0)}}{\hbar}}}, \tag{2.59}$$

$$T = \frac{\frac{(4kk')^2}{(k-k')^4}}{1 + \left(\frac{k+k'}{k-k'}\right)^4 - 2\left(\frac{k+k'}{k-k'}\right)^2 \cos 2k'a}$$
$$= \frac{1}{1 + \dfrac{V_0^2 \sin^2 \frac{\sqrt{2ma^2(E-V_0)}}{\hbar}}{4E(E-V_0)}}. \tag{2.60}$$

R が一般にゼロでないという事実は, 古典物理との違いを明確に表している. ただし, $\sin k'a = 0$ のときに限って古典物理と同様に $R = 0$ となることは, 注目に値する. このとき, エネルギーが $a = n\frac{\pi\hbar}{\sqrt{2m(E-V_0)}}$ (n は 1 以上の自然数) を満たすため, ちょうどポテンシャル障壁が存在する領域 $0 \le x \le a$ の幅がド・ブロイ波長の半分の整数倍, 即ち $0 \le x \le a$ で定在波が立つことに相当

2.3 ポテンシャル障壁 **29**

する. 定在波が立つとはいえ $T = 1$ であるため, 粒子は束縛されずに障壁の右側に抜けていくのである. この条件は, しばしば**共鳴条件**と呼ばれる.

この節を締めくくるにあたり, $V_0 > E > 0$ の場合を考えよう. 古典的には, 文字通り粒子は壁に跳ね返されることになるが, 量子力学では, ある確率で壁を透過することが許されるのである. その様子を見るには, $E > V_0$ の解析の起点となる式 (2.39), (2.40) において, $\kappa \equiv \dfrac{\sqrt{2m(V_0-E)}}{\hbar}$ を用いて k' を $i\kappa$ に置き換えればよい. つまり, 壁がある領域で, 波動関数が振動するのではなく, 指数関数的にふるまうことになる. あとの流れは全く同様である. $V_0 > E > 0$ においても最も重要な観測量は反射係数 R と透過係数 T である. その結果は, 式 (2.55), (2.56) において k' を $i\kappa$ に置き換え, その絶対値の自乗をとれば得られる. 即ち,

$$R = \frac{(1 - e^{2\kappa a})^2}{\left| 1 - \frac{k^2 - \kappa^2 + 2ik\kappa}{k^2 - \kappa^2 - 2ik\kappa} e^{2\kappa a} \right|^2} = \frac{1}{1 + \dfrac{4E(V_0 - E)}{V_0^2 \sinh^2 \frac{\sqrt{2ma^2(V_0 - E)}}{\hbar}}}, \quad (2.61)$$

$$T = \frac{\frac{(4k\kappa)^2}{|k^2 - \kappa^2 - 2ik\kappa|^2} e^{2\kappa a}}{\left| 1 - \frac{k^2 - \kappa^2 + 2ik\kappa}{k^2 - \kappa^2 - 2ik\kappa} e^{2\kappa a} \right|^2} = \frac{1}{1 + \dfrac{V_0^2 \sinh^2 \frac{\sqrt{2ma^2(V_0 - E)}}{\hbar}}{4E(V_0 - E)}} \quad (2.62)$$

となる. $T \neq 0$ は, 粒子があたかもポテンシャル障壁にトンネルを掘って抜けていくことができるように見えることから**トンネル効果**とも呼ばれ, 量子力学がもたらす最も重要な帰結の一つである. 式 (2.62) は正確な結果であるが, 原子核のアルファ崩壊などに応用する場合はポテンシャルの形がより複雑となるため, 近似的な解がしばしば役に立つ. 最初に近似解を得た一人がガモフ (Gamow) である. ガモフの近似解は, ポテンシャル障壁の幅や高さが十分大きく, 実効的なド・ブロイ波長が十分短い場合, 即ち**半古典近似**に相当する. そこでの透過率は,

$$T \simeq \frac{16E(V_0 - E)}{V_0^2} e^{-\frac{\sqrt{8ma^2(V_0 - E)}}{\hbar}} \quad (2.63)$$

のようにふるまう. 指数関数部分は**ガモフの透過因子**とも呼ばれる. これは, 半古典近似 (WKB 近似ともいう) により系統的に算出できるが, 数学的に煩雑なため, 本書では詳しく立ち入らない.

2.4 調和振動子

次に束縛状態が現れるポテンシャル問題のうち最も基本的な例，即ち**調和振動子**の問題を考える．そのポテンシャルは，図 2.6 に示すように，古典的なばねの片端に取りつけられた粒子の運動を論じる際に用いられる弾性エネルギーである．古典的には**単振動**の解が得られ，その振幅に応じて力学的エネルギーはいかなる正の実数値でもとれるというものであった．ここでも，あとで見るように，物質波としての性質が離散的なエネルギーをもたらすのである．

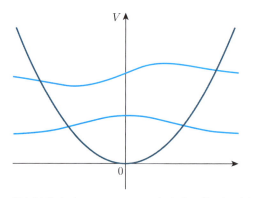

図 2.6 調和振動子ポテンシャル．固有波動関数の概形を付記．

ポテンシャルの式は，

$$V(x) = \frac{1}{2}m\omega^2 x^2 \tag{2.64}$$

で与えられる．ここで，ω は古典的な単振動解の角振動数であり，$m\omega^2$ はばね定数に対応する．このポテンシャルは $|x| \to \infty$ で発散するため，どれだけ高いエネルギーであっても，粒子はポテンシャルの壁を $|x| > \sqrt{\frac{2E}{m}}\,\omega^{-1}$ で感じるようになる．したがって，シュレーディンガー方程式 (2.21) の解としては，$|x| \to \infty$ で波動関数がゼロとなるような束縛状態の解が得られる．実際，ポテンシャル (2.64) を式 (2.21) に代入すると，解くべき微分方程式は

$$\left(-\frac{\hbar^2}{2m}\frac{d^2}{dx^2} + \frac{1}{2}m\omega^2 x^2\right)\psi(x) = E\psi(x) \tag{2.65}$$

2.4 調和振動子

となる. $|x| \to \infty$ での漸近的なふるまいを見るために,

$$\psi(x) \sim e^{\alpha_1 x^2 + \alpha_2 x + \alpha_3} \tag{2.66}$$

とおいてみよう. その背景には, 定数係数の線形微分方程式であれば指数関数の肩は x の1次関数でよいが, 式 (2.65) 中にある係数が定数ではない項を処理するために, とりあえず1次から2次に拡張しようというコンセプトがある. ここで, $\alpha_1 < 0$ となれば, $|x| \to \infty$ で 0 に近づくことが保証される. すると, 波動関数の2階微分は

$$\frac{d^2\psi(x)}{dx^2} \sim e^{\alpha_1 x^2 + \alpha_2 x + \alpha_3} \left\{ (2\alpha_1 x + \alpha_2)^2 + 2\alpha_1 \right\} \tag{2.67}$$

のようにふるまうため, $|x| \to \infty$ では, 指数関数内外で主要項のみ残すことにより, $\frac{d^2\psi(x)}{dx^2} \sim 4\alpha_1^2 x^2 e^{\alpha_1 x^2}$ となる. これを式 (2.65) に代入し, 右辺が左辺第2項に比べて無視できるとすると,

$$\left(-\frac{2\alpha_1^2 \hbar^2}{m} + \frac{1}{2} m\omega^2 \right) x^2 e^{\alpha_1 x^2} \sim 0 \tag{2.68}$$

が得られる. すると, $\alpha_1 = -\frac{m\omega}{2\hbar}$ とおけばよさそうであることがわかる. このとき, $\alpha_2 \neq 0$ とすると, 式 (2.67) において $xe^{\alpha_1 x^2 + \alpha_2 x + \alpha_3}$ の寄与が残るが, この寄与はポテンシャル項と相殺できないため, $\alpha_2 = 0$ にとるべきであろう. α_3 は定数しか与えないため, 全く重要ではない. 結局, 波動関数の漸近的ふるまいは, 指数関数の x 依存性までの精度で,

$$\psi(x) \sim e^{-\frac{m\omega}{2\hbar} x^2} \tag{2.69}$$

と表される.

以上の漸近的な波動関数のふるまいを勘案すると,

$$\psi(x) \equiv v(\xi) \, e^{-\frac{\xi^2}{2}} \tag{2.70}$$

とおくのが便利である. ここで, $\xi = \sqrt{\frac{m\omega}{\hbar}} \, x$ である. 微分方程式 (2.65) は, x を ξ に置換することにより,

$$\frac{d^2\psi}{d\xi^2} + (\eta - \xi^2) \psi = 0 \tag{2.71}$$

と書き換えられる. ここで, $\eta = \frac{2E}{\hbar\omega}$ である. この式に波動関数 (2.70) を代入することにより,

$$\frac{d^2v}{d\xi^2} - 2\xi\frac{dv}{d\xi} + (\eta - 1)\,v = 0 \tag{2.72}$$

が得られる．この微分方程式は 2 階線形常微分方程式であるが，定数係数ではない項が含まれるため，2.2, 2.3 節の場合と異なり，その解を知るには工夫が必要である．ここでは，よく用いられる手法，即ち $v(\xi)$ が ξ に関してベキ級数展開できると仮定し，微分方程式を数列の漸化式に書き換えるという手法を用いる．ためしに，

$$v(\xi) = \beta_0 + \beta_1\xi + \beta_2\xi^2 + \beta_3\xi^3 \tag{2.73}$$

とおいてみよう．式 (2.72) に代入することにより，

$$(\eta - 7)\beta_3\xi^3 + (\eta - 5)\beta_2\xi^2 + \{(\eta - 3)\beta_1 + 6\beta_3\}\xi + (\eta - 1)\beta_0 + 2\beta_2 = 0 \tag{2.74}$$

が恒等的に成り立つ，即ち各項の係数がゼロになるべきであることがわかる．すると，$\beta_0 = \beta_1 = \beta_2 = \beta_3 = 0$ というナイーブな解以外に，

- $\eta = 7$ かつ $\beta_0 = \beta_2 = 0$ かつ $2\beta_1 + 3\beta_3 = 0$ なる解，
- $\eta = 5$ かつ $\beta_1 = \beta_3 = 0$ かつ $2\beta_0 + \beta_2 = 0$ なる解，
- $\eta = 3$ かつ $\beta_0 = \beta_2 = \beta_3 = 0$ なる解，
- $\eta = 1$ かつ $\beta_1 = \beta_2 = \beta_3 = 0$ なる解

が得られる．$\eta = 3, 7$ の場合，v は奇関数，$\eta = 1, 5$ の場合，v は偶関数となる．この結果は，ξ を $-\xi$ と置き換えても式 (2.72) が不変であることからももっともである．

より一般には，

$$v(\xi) = \xi^s(a_0 + a_1\xi^2 + a_2\xi^4 + a_3\xi^6 + \cdots) \tag{2.75}$$

とおいて解を探せばよさそうである．ここで，$a_0 \neq 0$, s は負でないベキ指数である．実際，式 (2.72) に代入することにより，ξ の最低次から順に各項の係数がゼロとなる条件を書き下せばよい．$O(\xi^{s-2})$, $O(\xi^s)$, $O(\xi^{s+2})$ の係数から，

$$s(s - 1)a_0 = 0, \tag{2.76}$$

$$(s + 2)(s + 1)a_1 = (2s + 1 - \eta)a_0, \tag{2.77}$$

$$(s + 4)(s + 3)a_2 = (2s + 5 - \eta)a_1 \tag{2.78}$$

が得られる．これらの関係式より，$a_0 = a_1 = \cdots = 0$ 以外の解を得るには，$s =$

0か$s = 1$でないといけないことがわかる.これは,$v(\xi)$の解として式 (2.73) の形を前提にした結果と一致している.したがって,上で$O(\xi^{s-2})$と書いたのは形式的な記述であり,実際にはこのような項は現れない.

以上では最低次の数項で経験を積んだが,一般には0を含む自然数kに対して,$O(\xi^{2k+s})$の係数から,

$$(s + 2k + 2)(s + 2k + 1)a_{k+1} = (2s + 4k + 1 - \eta)a_k \qquad (2.79)$$

が得られる.ここで,漸化式 (2.79) を解くにあたり,$X \equiv 2s + 4k + 1 - \eta$とおこう.

(i) すべてのkで$X \neq 0$のとき:

$k \to \infty$で$4k^2 a_{k+1} \sim 4k a_k$より,$a_k \sim \frac{1}{k!}$のようにふるまう.すると,

$$v(\xi) \sim \xi^s \sum_{k=0}^{\infty} \frac{\xi^{2k}}{k!} = \xi^s e^{\xi^2} \qquad (2.80)$$

となるため,波動関数は,$\psi \sim \xi^s e^{\frac{\xi^2}{2}}$のようにふるまうこととなる.これは,明らかに束縛状態ではない.

(ii) あるk(0を含む自然数,以下Nとおく)で$X = 0$となるとき:

$\eta = 2s + 4N + 1$を満足する.すると,$a_N \neq 0$,$a_{N+1} = a_{N+2} = \cdots = 0$となり,$|\xi| \to \infty$で波動関数は$\psi \sim \xi^{2N+s} e^{-\frac{\xi^2}{2}}$のように急激にゼロに近づくのである.これは,まさに束縛状態に相当する.sは0または1であったから,

$$\eta = 2n + 1 \qquad (2.81)$$

と書き直せる.ここで,$2N + s$を改めてn(0を含む自然数)とおいた.これは,$\eta = \frac{2E}{\hbar\omega}$を思い出すと,エネルギー固有値が$n$ごとに

$$E_n = \hbar\omega\left(n + \frac{1}{2}\right) \qquad (2.82)$$

と表されることを示す.

式 (2.82) の与えるエネルギー固有値の分布は離散的である.しかも,$n = 0$(基底状態)でもエネルギー$E_0 = \frac{\hbar\omega}{2}$がゼロでないのは,まさに不確定性原理のために,ポテンシャルの底に粒子がとどまっていられないことによるものである.このエネルギーは,2.2 節で扱った井戸型ポテンシャルでも出てきたゼ

34　　　　第 2 章　1 次元のポテンシャル問題

口点振動エネルギーに相当する．古典的にふるまう粒子の最低エネルギーがゼロであることとは対照的である．一方，$\hbar \to 0$ とすると，$n \neq 0$（励起状態）でもエネルギー E_n はゼロに落ち込む．すると，系にエネルギーを与えれば粒子が単振動を行うという古典的描像を再現することができない．一見するとこれは矛盾しているように見えるが，実のところ n を固定して考えていることに起因している．n はいくらでも大きい自然数となりうることを勘案すれば，一見すると見えにくくなってしまった単振動の解を構築できるのである．その詳細については，改めて 6.6 節で論じる．

　この節の最後に，以上で得られたエネルギー固有値 E_n を有する状態（**固有状態**）の性質を詳しく調べよう．対応する波動関数（固有波動関数）$\psi_n(x)$ が，$e^{-\frac{\xi^2}{2}}$ に ξ の n 次多項式（$v_n(\xi)$ としよう）がかけられたものであることはわかっているが，ここでは具体的に，$v_n(\xi)$ の形を決めたい．上述したように，漸化式 (2.79) を逐一解いていくのでもよいが，**特殊関数**を用いれば，答えをコンパクトに表現することができる．

　実際，微分方程式 (2.72) に式 (2.81) を代入すると，

$$\frac{d^2 v_n}{d\xi^2} - 2\xi \frac{dv_n}{d\xi} + 2n v_n = 0 \tag{2.83}$$

が得られるが，**エルミート (Hermite) 多項式**と呼ばれる特殊関数 $H_n(\xi)$ がこの微分方程式の解となるのである[3]．$H_n(\xi)$ の具体的な形を書き出すには，関数列

$$e^{-q^2 + 2\xi q} = \sum_{n=0}^{\infty} \frac{H_n(\xi)}{n!} q^n \tag{2.84}$$

が便利である．左辺を q に関して展開すれば，

$$H_0 = 1,$$
$$H_1 = 2\xi,$$
$$H_2 = 4\xi^2 - 2,$$
$$\vdots$$

が得られる．これらは，上述した恒等式 (2.74) の解と同じである．また，これらのエルミート多項式は，

_____

[3] 詳細は，たとえば岩波数学公式 III を参照のこと．

2.4 調和振動子

$$\int_{-\infty}^{\infty} d\xi\, H_{n_1}(\xi)\, H_{n_2}(\xi)\, e^{-\xi^2} = \sqrt{\pi}\, 2^{n_1} n_1!\, \delta_{n_1 n_2} \tag{2.85}$$

を満足する.

これで固有関数 $\psi_n(x)$ をエルミート多項式 $H_n(\xi)$ で表現する準備が整った. 具体的には, $\psi_n(x) \equiv N_n H_n(\xi)\, e^{-\frac{\xi^2}{2}}$ とおき, N_n を条件 (2.23) を満足するように決めればよい. すると, 時間に依存する波動関数に $e^{-\frac{iE_n t}{\hbar}} \psi_n(x)$ を代入することにより,

$$\int_{-\infty}^{\infty} dx\, |\psi_n(x)|^2 = 1 \tag{2.86}$$

が成り立つ. ここで, 式 (2.85) を用いると, $|N_n|^2 = \frac{1}{2^n n!} \sqrt{\frac{m\omega}{\pi\hbar}}$ が得られる. N_n を正の実数にとっても一般性を失わない. すると最終的に, 固有波動関数 $\psi_n(x)$ は

$$\psi_n(x) = \left(\frac{1}{2^n n!} \sqrt{\frac{m\omega}{\pi\hbar}} \right)^{\frac{1}{2}} H_n\left(\sqrt{\frac{m\omega}{\hbar}}\, x \right) e^{-\frac{m\omega x^2}{2\hbar}} \tag{2.87}$$

と書くことができる. これを式 (2.25) に代入すると, $j(x) = 0$ が成り立つ. また, エルミート多項式のゼロ点の性質より, n は固有波動関数の節の数に相当することに注意しよう.

固有波動関数 (2.87) は, エルミート多項式が満たす条件 (2.85) のおかげで, 直交条件, 即ち $n_1 \neq n_2$ のとき,

$$\int_{-\infty}^{\infty} dx\, \psi_{n_1}(x)\, \psi_{n_2}(x) = 0 \tag{2.88}$$

を満たすことに注意しよう. これは, $n_1 = n_2$ の場合, 即ち規格化条件 (2.86) と併せることにより, **規格直交条件**

$$\int_{-\infty}^{\infty} dx\, \psi_{n_1}(x)\, \psi_{n_2}(x) = \delta_{n_1 n_2} \tag{2.89}$$

としてまとめることができる. この条件は, 調和振動子の問題に特有のものではなく, 一般的に成り立つことを第 4 章で見ることになる.

第2章　1次元のポテンシャル問題

━━ 例題 9 ━━━━━━━━━━━━━━━━━━━━━━━━━━

直交性 (2.88) をシュレーディンガー方程式 (2.65) より導け.

━━━━━━━━━━━━━━━━━━━━━━━━━━━━━━

【解答例】 $n_1 \neq n_2$ の場合, 固有波動関数 ψ_{n_1}, ψ_{n_2} がそれぞれシュレーディンガー方程式 (2.65) を満たすから,

$$\left(-\frac{\hbar^2}{2m} \frac{d^2}{dx^2} + \frac{1}{2} m\omega^2 x^2 \right) \psi_{n_1}(x) = E_{n_1} \psi_{n_1}(x), \tag{2.90}$$

$$\left(-\frac{\hbar^2}{2m} \frac{d^2}{dx^2} + \frac{1}{2} m\omega^2 x^2 \right) \psi_{n_2}(x) = E_{n_2} \psi_{n_2}(x) \tag{2.91}$$

が成り立つ. 式 (2.90) に ψ_{n_2} をかけ, 式 (2.91) に ψ_{n_1} をかけて差をとると,

$$\frac{\hbar^2}{2m} \frac{d}{dx} \left\{ \psi_{n_1}(x) \frac{d\psi_{n_2}(x)}{dx} - \psi_{n_2}(x) \frac{d\psi_{n_1}(x)}{dx} \right\} = (E_{n_1} - E_{n_2}) \psi_{n_1}(x) \psi_{n_2}(x) \tag{2.92}$$

が得られる. ここで両辺 x に関して積分をとると,

$$\frac{\hbar^2}{2m} \left[\psi_{n_1}(x) \frac{d\psi_{n_2}(x)}{dx} - \psi_{n_2}(x) \frac{d\psi_{n_1}(x)}{dx} \right]_{-\infty}^{\infty}$$

$$= (E_{n_1} - E_{n_2}) \int_{-\infty}^{\infty} dx\, \psi_{n_1}(x)\, \psi_{n_2}(x) \tag{2.93}$$

に至る. ここで, $E_{n_1} \neq E_{n_2}$ であること, および $x \to \pm\infty$ で $\psi_{n_1} \to 0$ かつ $\psi_{n_2} \to 0$ より, 直交性

$$\int_{-\infty}^{\infty} dx\, \psi_{n_1}(x)\, \psi_{n_2}(x) = 0 \tag{2.94}$$

が得られる. □

2.5　自　由　粒　子

本章を締めくくるにあたり, 最も基本的な例, 即ち自由粒子 ($V = 0$ の場合) を考える. 実は同様の例は, 本章の冒頭でシュレーディンガー方程式を光子の性質から端的に導くのに登場していたが, 式 (2.2) と同じ形で表される「平面波」はここでも基本的な解の一つとなることがわかる. ただし, ここで扱うの

2.5 自由粒子

はあくまで非相対論的な粒子であり,光子(質量ゼロ)とは,エネルギーと運動量の関係において根本的な違いがあることに注意しよう.

実際,ある特定の波数 $k = \frac{p}{\hbar}$ に対して,シュレーディンガー方程式 (2.10) の解は

$$\psi_k(x,t) = e^{i\{kx - \omega(k)t\}} \tag{2.95}$$

のように平面波の形に書くことができる.ここで,$\omega(k) = \frac{\hbar k^2}{2m}$ である.また,規格化については本節では気にしないが,改めて 5.3 節で議論する.

次に,平面波を重ね合わせて波束を構成しよう.自由粒子がどこにあるのか正確にはわからないが,だいたいどの辺りにあるかはわかっているものとしよう.すると,1.4 節で論じた不確定性原理によれば,運動量 p,即ち波数 $k = \frac{p}{\hbar}$ が分布している状況を考えるのが自然である.その分布を $A(k)$ で表すと,時刻 t において自由粒子が x に見出される確率振幅は,

$$\psi(x,t) = \frac{1}{\sqrt{2\pi}} \int_{-\infty}^{\infty} dk\, A(k)\, e^{i\{kx - \omega(k)t\}} \tag{2.96}$$

で与えられる.

$A(k)$ に図 2.7 で描かれるような山があるとしよう.$A(k)$ が $k = k_0$ においてピークをもつとすると,式 (2.96) の右辺にある指数関数の肩を $k = k_0$ のまわりでテイラー (Taylor) 展開すると状況がつかみやすい.テイラー展開の結果,

$$\psi(x,t) \simeq \frac{1}{\sqrt{2\pi}} e^{i\{k_0 x - \omega(k_0)t\}} \int_{-\infty}^{\infty} dk\, A(k)\, e^{i(k-k_0)(x - v_\mathrm{g} t)} \tag{2.97}$$

が得られる.ここで,

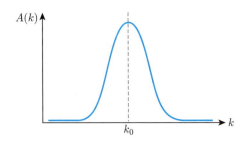 

図 2.7 波束を与える分布関数の例　　図 2.8 波束が進む様子

$$v_{\mathrm{g}} \equiv \frac{d\omega(k_0)}{dk} = \frac{\hbar k_0}{m} \tag{2.98}$$

は**群速度**である．図 2.8 に示すように，波束が群速度で進行するのである．

$k = k_0$ でピークをもつ典型的な $A(k)$ の例として，ガウス (Gauss) 分布，

$$A(k) = \left\{\frac{2(\Delta x_0)^2}{\pi}\right\}^{\frac{1}{4}} e^{-(\Delta x_0)^2 (k-k_0)^2} \tag{2.99}$$

を考える．このような波束は**ガウス波束**と呼ばれる．ここで，$\int_{-\infty}^{\infty} dk \, \{A(k)\}^2 = 1$ に注意しよう．分布 (2.99) を式 (2.96) に代入することにより，確率密度は，

$$|\psi(x,t)|^2 = \left|\frac{1}{\sqrt{2\pi}} \left\{\frac{2(\Delta x_0)^2}{\pi}\right\}^{\frac{1}{4}} \int_{-\infty}^{\infty} dk \, e^{-(\Delta x_0)^2 (k-k_0)^2 + i\left(kx - \frac{\hbar k^2 t}{2m}\right)}\right|^2$$

$$= \frac{1}{\sqrt{2\pi}\,\Delta x_0 \sqrt{1 + \frac{\hbar^2 t^2}{4m^2(\Delta x_0)^4}}} \exp\left[-\frac{\left(x - \frac{\hbar k_0 t}{m}\right)^2}{2(\Delta x_0)^2 \left\{1 + \frac{\hbar^2 t^2}{4m^2(\Delta x_0)^4}\right\}}\right] \tag{2.100}$$

のように求められる．この結果は，図 2.9 に示すように，波束の半値幅が $t = 0$ での値 $2\sqrt{2\ln 2}\,\Delta x_0$ から $2\sqrt{2\ln 2}\,\Delta x_0 \sqrt{1 + \frac{\hbar^2 t^2}{4m^2(\Delta x_0)^4}}$ のように時間とともに拡がっていく様子を表す．このような拡がりは，$\omega(k)$ が k に比例する場合には現れないことに注意しよう．また，波束の中心は $x = v_{\mathrm{g}} t$ に従うが，この性質は 6.4 節で論じる**エーレンフェストの定理**と符合する．

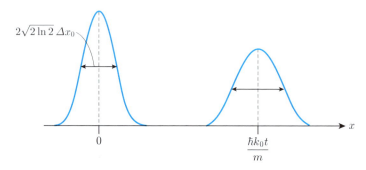

図 2.9　ガウス波束の時間発展

2.5 自 由 粒 子

39

─── 例題 10 ───

確率密度 (2.100) を導け.

【解答例】 まず,

$$\int_{-\infty}^{\infty} dk\, e^{-(\Delta x_0)^2(k-k_0)^2+i\left(kx-\frac{\hbar k^2 t}{2m}\right)}$$

$$= \int_{-\infty}^{\infty} dk \exp\left[-\left\{(\Delta x_0)^2 + \frac{i\hbar t}{2m}\right\}k^2 + \left\{2(\Delta x_0)^2 k_0 + ix\right\}k - (\Delta x_0)^2 k_0^2\right]$$

$$= \exp\left[-k_0^2(\Delta x_0)^2 + \frac{\left\{(\Delta x_0)^2 k_0 + \frac{ix}{2}\right\}^2}{(\Delta x_0)^2 + \frac{i\hbar t}{2m}}\right]$$

$$\times \int_{-\infty}^{\infty} dk \exp\left[-\left\{(\Delta x_0)^2 + \frac{i\hbar t}{2m}\right\}\left\{k - \frac{(\Delta x_0)^2 k_0 + \frac{ix}{2}}{(\Delta x_0)^2 + \frac{i\hbar t}{2m}}\right\}^2\right] \quad (2.101)$$

に注意しよう. 最終行の積分 $\int_{-\infty}^{\infty} dk\cdots$ は, ガウス積分の値, 即ち,

$\left\{\frac{\pi}{(\Delta x_0)^2 + \frac{i\hbar t}{2m}}\right\}^{\frac{1}{2}}$ に帰する[4]. 式 (2.101) の絶対値の自乗をとることにより, 確率密度 (2.100) が得られる. □

─────────────

[4] 厳密には, k を複素数に拡張し, 実軸と実軸に平行だが $\dfrac{(\Delta x_0)^2 k_0 + \frac{ix}{2}}{(\Delta x_0)^2 + \frac{i\hbar t}{2m}}$ の虚部だけずれた線とで囲まれた閉経路に対してコーシー (Cauchy) の積分定理を適用すればよい.

第 2 章 1 次元のポテンシャル問題

演 習 問 題

演習 2.1 1 次元調和振動子の古典的ハミルトニアンは次のように与えられる：

$$H = \frac{1}{2m}\, p^2 + \frac{1}{2}\, m\omega^2 x^2.$$

位置と運動量の不確定性関係 $\Delta x\, \Delta p \geq \frac{\hbar}{2}$ を用いて，基底エネルギーを見積もってみよ．

演習 2.2 1 次元ポテンシャル問題における束縛状態に関して，エネルギーの縮退がないこと，つまり，固有エネルギー E の解は一意的に決まることを示せ．ただし，ポテンシャルの大きさは有限であるとする．

演習 2.3 1 次元シュレーディンガー方程式

$$-\frac{\hbar^2}{2m}\, \psi''(x) + V(x)\, \psi(x) = E\psi(x) \tag{2.102}$$

においてポテンシャルが偶関数 $V(x) = V(-x)$ のとき，つまり，$V(x)$ が原点 $x = 0$ に関して対称であるとき，エネルギー E の固有関数 $\psi(x)$ に対して，$\psi(-x)$ もエネルギー E の固有関数であることを示せ．さらに，束縛状態に対しては $\psi(-x) = \psi(x)$ 或いは $\psi(-x) = -\psi(x)$ のいずれかを満たすことを示せ．ただし，ポテンシャルの大きさは有限であるとする．

演習 2.4 1 次元のガウス関数

$$\psi(x) = \frac{1}{\sqrt{\sqrt{\pi}\, b}}\, e^{-\frac{(x-a)^2}{2b^2}} \tag{2.103}$$

が満たす以下の関係式を用いて，ガウス波束 (2.100) による位置の揺らぎ（標準偏差）を計算せよ．

$$\int_{-\infty}^{\infty} dx\, \psi^*(x)\, \psi(x) = \frac{1}{\sqrt{\pi}\, b} \int_{-\infty}^{\infty} dx\, e^{-\frac{(x-a)^2}{b^2}} = 1, \tag{2.104}$$

$$\int_{-\infty}^{\infty} dx\, \psi^*(x)\, x\psi(x) = \frac{1}{\sqrt{\pi}\, b} \int_{-\infty}^{\infty} dx\, e^{-\frac{(x-a)^2}{b^2}}\, x = a, \tag{2.105}$$

$$\int_{-\infty}^{\infty} dx\, \psi^*(x)(x-a)^2\, \psi(x) = \frac{1}{\sqrt{\pi}\, b} \int_{-\infty}^{\infty} dx\, e^{-\frac{(x-a)^2}{b^2}}\, (x-a)^2 = \frac{b^2}{2}. \tag{2.106}$$

演習 2.5 式 (2.96) の 1 次元波束を考える．その展開式 (2.97) において，

$$\psi(x,t) \simeq \frac{1}{\sqrt{2\pi}}\, e^{i\{k_0 x - \omega(k_0)t\}} \int_{-\infty}^{\infty} dk\, A(k)\, e^{i(x - v_{\mathrm{g}}t)(k - k_0)}$$

$$= e^{i\{k_0 x - \omega(k_0)t\}}\, a(x - v_{\mathrm{g}}t),$$

$$a(x - v_{\mathrm{g}}t) \equiv \frac{1}{\sqrt{2\pi}} \int_{-\infty}^{\infty} ds\, A(k_0 + s)\, e^{i(x - v_{\mathrm{g}}t)s} \tag{2.107}$$

と書くと，これは群速度 v_g で進む波束を表し，その幅は波数空間 k における $A(k)$ の拡がりの逆数程度となる．ここで $a(x - v_\mathrm{g}t)$ の自乗は確率密度を与える．

$A(k)$ が以下のような短冊型で与えられるとき，$a(x - v_\mathrm{g}t)$ を計算せよ．

$$A(k) = \begin{cases} \dfrac{1}{2\epsilon}, & |k - k_0| \leq \epsilon \\ 0, & |k - k_0| > \epsilon \end{cases} \tag{2.108}$$

演習 2.6 実関数 $f(\boldsymbol{x}, t)$ と $\phi(\boldsymbol{x}, t)$ を用いて 3 次元空間の波動関数を $\psi(\boldsymbol{x}, t) = f(\boldsymbol{x}, t)e^{i\phi(\boldsymbol{x}, t)}$ と表すとき，確率の流れに関する速度場 $\boldsymbol{v}(\boldsymbol{x}, t) = \dfrac{\boldsymbol{j}(\boldsymbol{x}, t)}{\rho(\boldsymbol{x}, t)}$ を計算せよ．

第3章
3次元のポテンシャル問題

　より現実的な空間 3 次元のポテンシャル問題を考えよう．たとえば前章で挙げた 1 次元の井戸型ポテンシャルの 3 次元球対称版を考えるとイメージがつかみやすい．ここでは，図 3.1 に示した球内に粒子が束縛される場合を考えるのである．この図は，ポテンシャルを位置の関数として示した図 2.2 とは異なることに注意しよう．球対称性のおかげでポテンシャルは動径のみによるため，図 2.2 と同様の図を動径の関数として描くことができる．あとは角度方向において粒子がどのようにふるまうかがわかれば粒子の束縛状態を記述できそうである．古典力学における軌道運動でもそうであるように，エネルギーのみならず，**軌道角運動量**が重要になる．水素原子の問題に対しては，1.2 節で論じられたエネルギー準位が見事にシュレーディンガー方程式から導かれるのである．

図 3.1　3 次元井戸型ポテンシャル

3.1　軌道角運動量

　粒子の軌道角運動量は，古典力学では
$$\boldsymbol{L} = \boldsymbol{x} \times \boldsymbol{p} \tag{3.1}$$
のように与えられる．量子力学においては，関係 (2.13) により，
$$\frac{\hbar}{i} \boldsymbol{x} \times \nabla \quad \leftrightarrow \quad \boldsymbol{L} \tag{3.2}$$
と関係づけるのが自然である．1.4 節で論じた不確定性関係を思い出すと，位置と運動量の組み合わせからなる軌道角運動量についても不確定性がつきまと

3.1 軌道角運動量 **43**

う．ここで，位置と運動量の不確定性が，たとえば x と $\frac{\hbar}{i}\frac{\partial}{\partial x}$ との積を考えた場合，積の順番をひっくり返せば答えが違ってくることと関連していることに注意しよう．実際，

$$x\frac{\hbar}{i}\frac{\partial}{\partial x} - \frac{\hbar}{i}\frac{\partial}{\partial x}x = i\hbar \tag{3.3}$$

となる[1]．事情は，y と $\frac{\hbar}{i}\frac{\partial}{\partial y}$，$z$ と $\frac{\hbar}{i}\frac{\partial}{\partial z}$ の間でも全く同様である．一般に，二つの物理量に相当する二つの演算子を考えたとき，これらの順番をひっくり返して確率振幅に作用させた結果が異なれば二つの物理量を同時に決定することはできない．逆に，結果が一致していれば，二つの物理量を同時に決定できるのである．詳細については 4.7 節，6.7 節で論じる．

　すると，軌道角運動量の x 成分，y 成分がそれぞれ量子力学的には $\frac{\hbar}{i}\left(y\frac{\partial}{\partial z} - z\frac{\partial}{\partial y}\right)$，$\frac{\hbar}{i}\left(z\frac{\partial}{\partial x} - x\frac{\partial}{\partial z}\right)$ と表されるため，軌道角運動量の x 成分，y 成分の間にも不確定性があるとわかる．実際，これらの積の順番をひっくり返すと，

$$\frac{\hbar}{i}\left(y\frac{\partial}{\partial z} - z\frac{\partial}{\partial y}\right)\frac{\hbar}{i}\left(z\frac{\partial}{\partial x} - x\frac{\partial}{\partial z}\right) - \frac{\hbar}{i}\left(z\frac{\partial}{\partial x} - x\frac{\partial}{\partial z}\right)\frac{\hbar}{i}\left(y\frac{\partial}{\partial z} - z\frac{\partial}{\partial y}\right)$$
$$= i\hbar\frac{\hbar}{i}\left(x\frac{\partial}{\partial y} - y\frac{\partial}{\partial x}\right) \tag{3.4}$$

のように，軌道角運動量の z 成分に $i\hbar$ がかかった形が出てくるのである．これは，量子力学においては軌道角運動量の各成分を決めることができないことを意味する．

　古典力学における 1 粒子の運動においては，粒子に働く力が向心力のみの場合，軌道角運動量が保存されることが知られている．即ち，軌道角運動量の各成分は決まった値をとる．他方，量子力学においてせいぜい決められるのは，軌道角運動量の大きさと一つの成分のみとなる．この二つの自由度は，3 次元空間では粒子の位置が動径および二つの角度で表されるという事実と関連している．具体的に見るには，直交座標の代わりに**極座標**を用いるのが便利である．

---

[1] この関係は形式的なものである．ここには現れていないが，確率振幅 $\psi(\boldsymbol{x})$ に作用するものと理解する．実際，$\left(x\frac{\hbar}{i}\frac{\partial}{\partial x} - \frac{\hbar}{i}\frac{\partial}{\partial x}x\right)\psi(\boldsymbol{x}) = x\frac{\hbar}{i}\frac{\partial\psi(\boldsymbol{x})}{\partial x} - \frac{\hbar}{i}\frac{\partial\{x\psi(\boldsymbol{x})\}}{\partial x} = i\hbar\psi(\boldsymbol{x})$ となる．

ここで，直交座標と極座標との関係を与えよう．図 3.2 に示すように，これらの座標間の 1 対 1 対応は，

$$\begin{cases} x = r\sin\theta\cos\varphi, \\ y = r\sin\theta\sin\varphi, \\ z = r\cos\theta \end{cases} \quad (3.5)$$

で与えられる．ここで，$r \geq 0, 0 \leq \theta \leq \pi, 0 \leq \varphi < 2\pi$ である．すると，偏微分間の関係は，以下のように求められる．

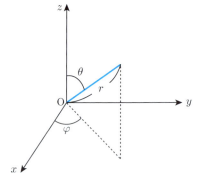

図 3.2　3 次元極座標

$$\begin{cases} \dfrac{\partial}{\partial x} = \sin\theta\cos\varphi\dfrac{\partial}{\partial r} + \dfrac{\cos\theta\cos\varphi}{r}\dfrac{\partial}{\partial \theta} - \dfrac{\sin\varphi}{r\sin\theta}\dfrac{\partial}{\partial \varphi}, \\ \dfrac{\partial}{\partial y} = \sin\theta\sin\varphi\dfrac{\partial}{\partial r} + \dfrac{\cos\theta\sin\varphi}{r}\dfrac{\partial}{\partial \theta} + \dfrac{\cos\varphi}{r\sin\theta}\dfrac{\partial}{\partial \varphi}, \\ \dfrac{\partial}{\partial z} = \cos\theta\dfrac{\partial}{\partial r} - \dfrac{\sin\theta}{r}\dfrac{\partial}{\partial \theta}. \end{cases} \quad (3.6)$$

例題 11

式 (3.6) を導け．

【解答例】　式 (3.5) で表される座標間の関係は，

$$\begin{cases} r = \sqrt{x^2 + y^2 + z^2}, \\ \tan\varphi = \dfrac{y}{x}, \\ \cos\theta = \dfrac{z}{\sqrt{x^2 + y^2 + z^2}} \end{cases} \quad (3.7)$$

と書き換えられる．x に関する偏微分は，

$$\begin{aligned} \dfrac{\partial}{\partial x} &= \dfrac{\partial r}{\partial x}\dfrac{\partial}{\partial r} + \dfrac{\partial \theta}{\partial x}\dfrac{\partial}{\partial \theta} + \dfrac{\partial \varphi}{\partial x}\dfrac{\partial}{\partial \varphi} \\ &= \dfrac{x}{\sqrt{x^2+y^2+z^2}}\dfrac{\partial}{\partial r} + \dfrac{xz}{(x^2+y^2+z^2)^{\frac{3}{2}}\sin\theta}\dfrac{\partial}{\partial \theta} - \dfrac{y\cos^2\varphi}{x^2}\dfrac{\partial}{\partial \varphi} \\ &= \sin\theta\cos\varphi\dfrac{\partial}{\partial r} + \dfrac{\cos\theta\cos\varphi}{r}\dfrac{\partial}{\partial \theta} - \dfrac{\sin\varphi}{r\sin\theta}\dfrac{\partial}{\partial \varphi} \end{aligned} \quad (3.8)$$

と計算される．ここで，1行目から2行目の変形においては，式 (3.7) より $\frac{\partial r}{\partial x}$, $\frac{\partial \theta}{\partial x}$, $\frac{\partial \varphi}{\partial x}$ を y, z を固定して求め，2行目から3行目の変形においては，式 (3.5) を用いて，$\frac{\partial}{\partial r}$, $\frac{\partial}{\partial \theta}$, $\frac{\partial}{\partial \varphi}$ にかかる関数形を r, θ, φ のみで表した．

y, z に関する偏微分も同様に求めることができる．　　　　　□

関係 (3.5) および (3.6) を用いると，軌道角運動量の各成分を直交座標での表示から極座標での表示に変換することができる．具体的には，L_x, L_y, L_z に相当する演算子はそれぞれ

$$\frac{\hbar}{i}\left(y\frac{\partial}{\partial z} - z\frac{\partial}{\partial y}\right) = \frac{\hbar}{i}\left(-\sin\varphi\frac{\partial}{\partial\theta} - \cot\theta\cos\varphi\frac{\partial}{\partial\varphi}\right), \qquad (3.9)$$

$$\frac{\hbar}{i}\left(z\frac{\partial}{\partial x} - x\frac{\partial}{\partial z}\right) = \frac{\hbar}{i}\left(\cos\varphi\frac{\partial}{\partial\theta} - \cot\theta\sin\varphi\frac{\partial}{\partial\varphi}\right), \qquad (3.10)$$

$$\frac{\hbar}{i}\left(x\frac{\partial}{\partial y} - y\frac{\partial}{\partial x}\right) = \frac{\hbar}{i}\frac{\partial}{\partial\varphi} \qquad (3.11)$$

のように表される．ここで，各成分で，動径方向の偏微分は現れないことに注意しよう．また，z 成分は θ にもよらない．θ が z 軸から測られているためである．

次に，軌道角運動量の大きさの自乗 $\boldsymbol{L}^2$ に相当する演算子を極座標表示で表そう．それには，式 (3.9)–(3.11) をそれぞれ2回ずつ波動関数に作用させ，その結果を足し上げればよい．すると，

$$-\hbar^2\left\{\left(-\sin\varphi\frac{\partial}{\partial\theta} - \cot\theta\cos\varphi\frac{\partial}{\partial\varphi}\right)^2 + \left(\cos\varphi\frac{\partial}{\partial\theta} - \cot\theta\sin\varphi\frac{\partial}{\partial\varphi}\right)^2\right.$$
$$\left. + \frac{\partial^2}{\partial\varphi^2}\right\} = -\hbar^2\left(\frac{\partial^2}{\partial\theta^2} + \cot\theta\frac{\partial}{\partial\theta} + \frac{1}{\sin^2\theta}\frac{\partial^2}{\partial\varphi^2}\right) \qquad (3.12)$$

が得られる．

古典的には軌道角運動量の自乗は運動エネルギーの角度部分に相当する．量子論的にも同様なのは，式 (2.11) に現れる運動エネルギーを極座標表示に変換してみれば明らかである．実際，式 (3.6) を代入することにより，

$$-\frac{\hbar^2}{2m}\boldsymbol{\nabla}^2$$
$$= -\frac{\hbar^2}{2m}\left\{\left(\sin\theta\cos\varphi\frac{\partial}{\partial r} + \frac{\cos\theta\cos\varphi}{r}\frac{\partial}{\partial\theta} - \frac{\sin\varphi}{r\sin\theta}\frac{\partial}{\partial\varphi}\right)^2\right.$$

$$+ \left(\sin\theta\sin\varphi\, \frac{\partial}{\partial r} + \frac{\cos\theta\sin\varphi}{r}\, \frac{\partial}{\partial\theta} + \frac{\cos\varphi}{r\sin\theta}\, \frac{\partial}{\partial\varphi} \right)^2$$

$$+ \left(\cos\theta\, \frac{\partial}{\partial r} - \frac{\sin\theta}{r}\, \frac{\partial}{\partial\theta} \right)^2 \Bigg\}$$

$$= -\frac{\hbar^2}{2m} \left\{ \frac{\partial^2}{\partial r^2} + \frac{2}{r}\, \frac{\partial}{\partial r} + \frac{1}{r^2} \left(\frac{\partial^2}{\partial\theta^2} + \cot\theta\, \frac{\partial}{\partial\theta} + \frac{1}{\sin^2\theta}\, \frac{\partial^2}{\partial\varphi^2} \right) \right\} \quad (3.13)$$

が得られる. ここで, 動径方向の偏微分によらない, 即ち動径方向の運動量によらない部分は, 式 (3.12) の $\frac{1}{2mr^2}$ 倍にほかならないことに注意しよう.

3.2 球面調和関数

前節において, 軌道角運動量の各成分と大きさの自乗を極座標表示で表現した. また, 量子力学においては, 3 成分のうち一つを決めてしまえば他の 2 成分は決まらないことを見た. そこで, 本節においては, その一つの成分を z 成分とし, また, 軌道角運動量の大きさの自乗も同時に決められるような方法で, 粒子の状態を記述する. すると, 固有波動関数の角度部分の形を決めることができる. この形は**球面調和関数**と呼ばれる.

まず, 軌道角運動量の大きさの自乗と z 成分が同時に決められることを示そう. それを見るには, 式 (3.12) と式 (3.11) の積は順番をひっくり返しても同じであることを確認すればよい. 軌道角運動量の z 成分は φ の 1 階偏微分のみで表される一方, 軌道角運動量の大きさの自乗は φ 依存性がその 2 階偏微分のみを通して入るため, 順番をひっくり返せることは自明である.

次に球面調和関数を求めよう. 具体的には, 軌道角運動量の大きさに関わる無次元の実数 L, z 成分に関わる無次元の実数 M で特徴づけられる状態を角度 θ, φ の関数として表現したものが球面調和関数であり, $Y_L^M(\theta, \varphi)$ と表記する. 球面調和関数が満たすべき**固有値方程式**は, 式 (3.11) および (3.12) より

$$\frac{\hbar}{i}\, \frac{\partial}{\partial\varphi} Y_L^M(\theta, \varphi) = M\hbar Y_L^M(\theta, \varphi), \quad (3.14)$$

$$-\hbar^2 \left(\frac{\partial^2}{\partial\theta^2} + \cot\theta\, \frac{\partial}{\partial\theta} + \frac{1}{\sin^2\theta}\, \frac{\partial^2}{\partial\varphi^2} \right) Y_L^M(\theta, \varphi) = L(L+1)\hbar^2 Y_L^M(\theta, \varphi)$$

$$(3.15)$$

3.2 球面調和関数　**47**

の二つである．ここで，$L \geq 0$ と約束しておけば，軌道角運動量の大きさの自乗を表す固有値 $L(L+1)\hbar^2$ は非負となる．あとで見るように，L, M がとりうる値はとびとびとなる．1 次元のポテンシャル問題でも束縛状態を表す量子数がとびとびの値をもっていたが，これは粒子が存在する直線上で課される境界条件に由来していた．L, M については，3 次元空間の角度方向に課される境界条件から決められる．具体的には，$|Y_L^M(\theta, \varphi)|^2$ が確率として解釈できるように φ, θ に関して発散しないことが条件となる．さらに φ 方向に関しては，

$$Y_L^M(\theta, \varphi + 2\pi) = Y_L^M(\theta, \varphi), \tag{3.16}$$

即ち**一価性**の条件が課される．

ここで，$Y_L^M(\theta, \varphi) \equiv f(\theta)g(\varphi)$ のように**変数分離**し，式 (3.14) に代入すると，

$$\frac{dg(\varphi)}{d\varphi} = iMg(\varphi) \tag{3.17}$$

が得られる．これは変数分離形の微分方程式であり，その一般解は，

$$g(\varphi) = Ne^{iM\varphi} \tag{3.18}$$

で与えられる．ここで，N は積分定数であるが，ここでは N を 1 にとっても差し支えない．すると $|g(\varphi)|^2 = 1$ となる．問題は M の値であるが，一価性の条件 (3.16) より，

$$e^{i2\pi M} = 1 \tag{3.19}$$

が課せられるのである．したがって，M は整数値以外とり得ない．

次に $f(\theta)$ を決めよう．式 (3.15) に $Y_L^M(\theta, \varphi) = f(\theta)e^{iM\varphi}$ を代入すると，

$$\left(\frac{d^2}{d\theta^2} + \cot\theta \frac{d}{d\theta} - \frac{M^2}{\sin^2\theta} \right) f(\theta) = -L(L+1)f(\theta) \tag{3.20}$$

が得られる．さらに $\zeta \equiv \cos\theta$ とおくと，$\frac{d}{d\theta} = \frac{d\zeta}{d\theta}\frac{d}{d\zeta}$ より，

$$\left\{ \frac{d}{d\zeta}(1-\zeta^2)\frac{d}{d\zeta} + L(L+1) - \frac{M^2}{1-\zeta^2} \right\} f(\zeta) = 0 \tag{3.21}$$

と変形できる．この 2 階常微分方程式は定数係数ではないため，2.4 節で行ったように，ベキ級数展開の方法で解を求めよう．ただし，$M \neq 0$ のとき，$\zeta \to \pm 1$ で左辺の第 3 項は発散することに注意する必要がある．そこでまず，$M = 0$ のときの解を求めることからはじめる．

48　　　　　　　第3章　3次元のポテンシャル問題

ζ の符号を変えても式 (3.21) は不変であることから，$f(\zeta)$ は ζ に関して偶関数か奇関数であることに注意しよう．そこで，

$$f(\zeta) = \zeta^s(a_0 + a_1\zeta^2 + a_2\zeta^4 + \cdots) \tag{3.22}$$

とおく．ここで，$a_0 \neq 0$ であり，s は負でないベキ指数である．こうしておいて，式 (3.21) に代入することにより，ζ の最低次から順に各項の係数がゼロとなる条件を書き下せばよい．$O(\zeta^{s-2})$, $O(\zeta^s)$, $O(\zeta^{s+2})$ の係数から，

$$s(s-1)a_0 = 0, \tag{3.23}$$

$$(s+2)(s+1)a_1 = \big\{s(s+1) - L(L+1)\big\}a_0, \tag{3.24}$$

$$(s+4)(s+3)a_2 = \big\{(s+2)(s+3) - L(L+1)\big\}a_1 \tag{3.25}$$

が得られる．これらの関係式より，$a_0 = a_1 = \cdots = 0$ 以外の解を得るには，$s = 0$ か $s = 1$ でないといけないことがわかる．

以上では最低次の数項で経験を積んだが，一般には 0 を含む自然数 k に対して，$O(\zeta^{2k+s})$ の係数から，

$$(s+2k+2)(s+2k+1)a_{k+1} = \big\{(s+2k)(s+2k+1) - L(L+1)\big\}a_k \tag{3.26}$$

が得られる．ここで，漸化式 (3.26) を解くにあたり，$X \equiv (s+2k)(s+2k+1) - L(L+1)$ とおこう．

(i)　すべての k で $X \neq 0$ のとき：

$k \to \infty$ で $(2k+2)a_{k+1} \sim 2ka_k$ より，$a_k \sim \frac{1}{k}$ のようにふるまう．すると，

$$f(\zeta) \sim \xi^s \sum_{k=1}^{\infty} \frac{\zeta^{2k}}{k} = -\zeta^s \ln(1-\zeta^2) \tag{3.27}$$

となるため，$\zeta \to 1$ で $f(\zeta)$ が発散してしまう．

(ii)　ある k（0 を含む自然数，以下 N とおく）で $X = 0$ となるとき：

$L = 2N + s$ を満足する．s は 0 または 1 であったから，L は 0 を含む自然数となる．すると，$a_N \neq 0, a_{N+1} = a_{N+2} = \cdots = 0$ となり，$f(\zeta)$ は L 次の多項式となるため，$|\zeta| \leq 1$ で有限となる．なお，$L = -s - 2k - 1$ でも $X = 0$ となるが，L は負となるためこの解は除外される．

こうして，$M = 0$ のとき，自然数 L に対して球面調和関数が $\cos\theta$ の L 次

3.2 球面調和関数

の多項式となることがわかった．L は**方位量子数**と呼ばれる．具体的に，$f(\zeta)$ の形を決めるには，漸化式 (3.26) を逐一解いていくのでもよいが，特殊関数を用いるのが便利である．実際，$f(\zeta)$ が満たす微分方程式，即ち式 (3.21) において $M = 0$ としたものは，**ルジャンドル (Legendre) の微分方程式**に一致し，その解は，**ルジャンドル多項式** $P_L(\zeta)$ と呼ばれる特殊関数[2]により与えられる．

$P_L(\zeta)$ の具体的な形は，

$$P_L(\zeta) = \frac{1}{2^L L!} \frac{d^L}{d\zeta^L}(\zeta^2 - 1)^L \tag{3.28}$$

から導くことができる．$L = 0$ から順に，

$$P_0 = 1,$$
$$P_1 = \zeta,$$
$$P_2 = \frac{3\zeta^2 - 1}{2},$$
$$\vdots$$

と求められる．$L = 0$ は θ によらないため球対称な解，$L = 1$ は $\cos\theta$ に比例するため正負に分極する解，$L = 2$ は極方向 $\theta \sim 0, \pi$ と赤道方向 $\theta \sim \frac{\pi}{2}$ で正負が異なる四重極解に対応する．このように，P_L がゼロとなる方向が L 個存在するのである．

次に $M \neq 0$ の解を考えよう．$M = 0$ の解から構築するには，

$$\left\{ \frac{d}{d\zeta}(1 - \zeta^2)\frac{d}{d\zeta} + L(L+1) \right\} P_L(\zeta) = 0 \tag{3.29}$$

を ζ で $|M|$ 回微分してみるとよい．すると，

$$(1 - \zeta^2)\frac{d^{|M|+2}}{d\zeta^{|M|+2}} P_L(\zeta) - 2(|M| + 1)\zeta \frac{d^{|M|+1}}{d\zeta^{|M|+1}} P_L(\zeta)$$

$$+ \left\{ L(L+1) - |M|(|M| + 1) \right\} \frac{d^{|M|}}{d\zeta^{|M|}} P_L(\zeta) = 0 \tag{3.30}$$

が得られる．さらに $(1 - \zeta^2)^{\frac{|M|}{2}}$ をかけて整理すると，

---

[2] 詳細は，たとえば岩波数学公式 III を参照のこと．

50　　　　　　　第 3 章　3 次元のポテンシャル問題

$$\left\{ \frac{d}{d\zeta}(1-\zeta^2)\frac{d}{d\zeta} + L(L+1) - \frac{M^2}{1-\zeta^2} \right\} P_L^{|M|}(\zeta) = 0 \qquad (3.31)$$

という式 (3.21) と同型の常微分方程式が得られる．ここで，

$$P_L^{|M|}(\zeta) = (1-\zeta^2)^{\frac{|M|}{2}} \frac{d^{|M|}}{d\zeta^{|M|}} P_L(\zeta) \qquad (3.32)$$

であり，ルジャンドルの陪関数と呼ばれる．

── 例題 12 ──

微分方程式 (3.31) を式 (3.30) より導け．

【解答例】　式 (3.30) の左辺第 1 項に $(1-\zeta^2)^{\frac{|M|}{2}}$ をかけると，

$$(1-\zeta^2)^{\frac{|M|}{2}+1} \frac{d^2}{d\zeta^2} \left\{ (1-\zeta^2)^{-\frac{|M|}{2}} P_L^{|M|}(\zeta) \right\}$$

$$= (1-\zeta^2)\frac{d^2}{d\zeta^2} P_L^{|M|}(\zeta) + 2|M|\zeta \frac{d}{d\zeta} P_L^{|M|}(\zeta)$$

$$+ \left\{ |M| + \frac{|M|(|M|+2)\zeta^2}{1-\zeta^2} \right\} P_L^{|M|}(\zeta) \qquad (3.33)$$

が得られる．第 2 項に対しては，

$$-2(|M|+1)\zeta(1-\zeta^2)^{\frac{|M|}{2}} \frac{d}{d\zeta} \left\{ (1-\zeta^2)^{-\frac{|M|}{2}} P_L^{|M|}(\zeta) \right\}$$

$$= -2(|M|+1)\zeta \frac{d}{d\zeta} P_L^{|M|}(\zeta) - \frac{2\zeta^2|M|(|M|+1)}{1-\zeta^2} P_L^{|M|}(\zeta) \qquad (3.34)$$

が得られる．式 (3.33), (3.34) と第 3 項からの寄与 $\{L(L+1) - |M|(|M|+1)\}P_L^{|M|}(\zeta)$ をまとめると，式 (3.31) が得られる．　　　　□

　ここで，M のとりうる値に注意しよう．$P_L(\zeta)$ が L 次の多項式であることを思い出すと，ルジャンドルの陪関数 (3.32) が恒等的にゼロとならないのは，

$$|M| \leq L \qquad (3.35)$$

のときである．M は**磁気量子数**と呼ばれる．$M \neq 0$ のとき，$|\zeta| \to 1$ では

3.2 球面調和関数

$P_L^{|M|} \to 0$ となる. なお, $P_L^{|M|}$ がゼロとなる方向は, 式 (3.32) の性質より極方向以外では $L - |M|$ 個存在することになる. 極方向にも $|M|$ 個の重解が出ることになるが, その分は実際には φ 方向の波動関数 $e^{iM\varphi}$ のふるまい, 即ち $|M|$ 個の振動の節として顕在化するのである.

本節の最後に, 固有値方程式 (3.14), (3.15) を同時に満たす解, 即ち球面調和関数の具体的な表現を書き出そう. 解の要素は, 式 (3.18) および式 (3.32) で与えられている. 規格化因子に任意性はあるものの, 球面調和関数としてよく用いられる形は以下の通りである. ある方位量子数 L (自然数), 条件 (3.35) を満たす磁気量子数 M に対し,

$$Y_L^M(\theta, \varphi) = (-1)^{\frac{M+|M|}{2}} \sqrt{\frac{(L-|M|)!\,(2L+1)}{4\pi(L+|M|)!}}\, P_L^{|M|}(\cos\theta)e^{iM\varphi} \quad (3.36)$$

と表される. ここで, 規格化条件

$$\int_{-1}^{1} d(\cos\theta) \int_{0}^{2\pi} d\varphi\, \left|Y_L^M(\theta, \varphi)\right|^2 = 1 \quad (3.37)$$

を満たすように $P_L^{|M|}(\cos\theta)e^{iM\varphi}$ にかかる規格化因子が決められているが[3], その際, ルジャンドル陪関数の性質

$$\int_{-1}^{1} d\zeta\, P_L^{|M|}(\zeta)P_{L'}^{|M|}(\zeta) = \begin{cases} 0, & L \neq L' \\ \dfrac{2(L+|M|)!}{(L-|M|)!\,(2L+1)}, & L = L' \end{cases} \quad (3.38)$$

を用いた. ここでは規格化因子中の位相因子として $(-1)^{\frac{M+|M|}{2}}$ が選ばれているが, これは, $Y_L^{-M}(\theta, \varphi) = (-1)^M \{Y_L^M(\theta, \varphi)\}^*$ を満たすようにとった[4].

球面調和関数の導出の過程で, 軌道角運動量の大きさの自乗に対し, 方位量子数 L を用いて $L(L+1)\hbar^2$ が固有値として得られることがわかった. 固有値方程式 (3.15) を書き下した段階では L は非負の実数とことわっていただけであったが, 物理的な解を与えるのは L が自然数のときのみであることはあとになってわかった. 一方, 軌道角運動量の z 成分については, 磁気量子数 M を用いて

---

[3] 角度積分 $\int_{-1}^{1} d(\cos\theta) \int_{0}^{2\pi} d\varphi$ は, 被積分関数が 1 の場合, 単位球の表面積, 即ち 4π に相当する.

[4] 背景に時間反転に対する変換性があるが, 本書の範囲を超えるため言及のみにとどめる.

$M\hbar$ が固有値として得られることがわかった．M は一価性の条件 (3.16) より整数値をとるが，その絶対値 $|M|$ は L を超えることはなかった．軌道角運動量を古典的ベクトルとみなすと，これらの固有値間の関係は図 3.3 のように描けるであろう．

実は，これらの固有値の離散的ふるまいには自明な関連性がある．それは，軌道角運動量の大きさの自乗の固有値は，z 成分の固有値の自乗を平均化して 3 倍したものに等しいというものである．

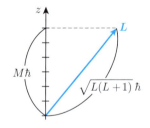

図 3.3 軌道角運動量の固有値

例題 13

軌道角運動量 z 成分の固有値の自乗を平均化したものを計算せよ．

【解答例】 軌道角運動量の z 成分の固有値 $M\hbar$ に対し，自乗の平均値を求めると，

$$\frac{\sum_{M=-L}^{L} M^2 \hbar^2}{\sum_{M=-L}^{L}} = \frac{L(L+1)(2L+1)\hbar^2}{3(2L+1)} \tag{3.39}$$

が得られる．この 3 倍はちょうど $L(L+1)\hbar^2$ に相当する． □

3.3 中心力ポテンシャル

前節では，角度部分の波動関数，即ち球面調和関数を導出した．これはあくまで**中心力ポテンシャル**中の粒子に対し，時間に依存しないシュレーディンガー方程式 (2.19) の解の一部分を与えるにすぎない．具体的に中心力ポテンシャル $V(r)$ が与えられれば，動径部分の波動関数を求めることができる．実際，式 (2.19) に式 (3.13) を代入することにより，

$$-\frac{\hbar^2}{2m}\left\{\frac{\partial^2}{\partial r^2} + \frac{2}{r}\frac{\partial}{\partial r} + \frac{1}{r^2}\left(\frac{\partial^2}{\partial \theta^2} + \cot\theta \frac{\partial}{\partial \theta} + \frac{1}{\sin^2\theta}\frac{\partial^2}{\partial \varphi^2}\right)\right\}\psi(r,\theta,\varphi)$$
$$+ V(r)\psi(r,\theta,\varphi) = E\psi(r,\theta,\varphi) \tag{3.40}$$

が得られる．ここで，波動関数を

$$\psi(r, \theta, \varphi) = Y_L^M(\theta, \varphi)R(r) \tag{3.41}$$

と変数分離すると，固有値方程式 (3.15) に代入することにより，$R(r)$ が満たすべき固有値方程式として，

$$-\frac{\hbar^2}{2m}\left\{\frac{d^2}{dr^2} + \frac{2}{r}\frac{d}{dr} - \frac{L(L+1)}{r^2}\right\}R(r) + V(r)R(r) = ER(r) \tag{3.42}$$

を得る．この式は磁気量子数 M によらない．したがって，求められるエネルギー固有状態は，$L \neq 0$ でありさえすれば，少なくとも M に関して，同じエネルギー固有値を与えるものが複数存在する，即ち縮退することになる．

ここで，$\frac{\hbar^2 L(L+1)}{2mr^2}$ の部分は**遠心力ポテンシャル**とみなせることに注意しよう．軌道角運動量の大きさが離散化されていることを除けば，古典力学で現れる遠心力ポテンシャルと同様である．古典力学でもよく行われるように，ポテンシャル $V(r)$ と遠心力ポテンシャルを併せて有効ポテンシャルを

$$V_{\text{eff}}(r) = V(r) + \frac{\hbar^2 L(L+1)}{2mr^2} \tag{3.43}$$

とおくとわかりやすい．$L = 0$ の場合は特殊であり，遠心力ポテンシャルはゼロとなる．$L \neq 0$ の場合は遠心力ポテンシャルが粒子を $r = 0$ から外に押し出すように作用し，原点付近に粒子が見出される確率を著しく抑える．以下では，具体的に $V(r)$ がクーロン引力によってもたらされる場合を考え，固有値方程式 (3.42) の解を求めよう．

3.4 水素原子の構造

本書の主目的の一つである水素原子の構造を量子論的に論じるための準備が整った．以下ではより一般的に水素原子のみならず，他の原子種（原子番号を Z とする）に対しても，電離により電子が一つだけ残された場合，いわゆる**水素様原子**を考えよう．すると，原子核が原点に点電荷として固定されている場合，中心力ポテンシャルは

$$V(r) = -\frac{Ze^2}{4\pi\varepsilon_0 r} \tag{3.44}$$

とおくことができる．あとは，m を電子の質量 m_{e} におき，固有値方程式 (3.42) を解いて束縛状態の解（$E < 0$）を求めればよい．

54　　　　　　　　　　　第 3 章　3 次元のポテンシャル問題

　結論からいうと，1.2 節で紹介した水素原子のスペクトルの実験結果をよい
精度で再現することができる．ただし，この方法にはいくつかの簡単化がある
ことをあらかじめ指摘しておきたい．

- (i)　原子核は動かないとする．重心が動かないとするのが基本的な考え
  方だが，太陽と地球の質量比ほどではないにせよ，陽子と電子の質量
  比も約 2000 と大きいため，この近似は正当化される．望みとあらば，
  換算質量を用いて重心系での運動を相対座標を用いて記述することが
  できるが，詳細は章末問題にゆだねる．

- (ii)　電子がもつ**スピン**と呼ばれる自由度を無視する．この自由度は元素
  の周期律表を理解する上では極めて重要なものである．スピンにより
  電子は磁気モーメントをもつことになるが，電子の軌道運動がもたら
  す磁場との相互作用により「微細構造」が，さらには原子核の磁気モー
  メントとの相互作用により「超微細構造」が出現することが知られて
  いる．しかし，これらを記述するには相対論的な取り扱いが必要とな
  るため，本書で扱う範囲を超えている．

- (iii)　「真空偏極」を無視する．真空が文字通りの空であるとの考え方は
  正確ではなく，真空では，電子やその反粒子である陽電子，さらには
  光子が仮想的に生じては消えるという過程が常時繰り返されていると
  いうのが正しい理解である．このような真空の構造は高エネルギーの
  現象では本質的に重要となるが，水素原子の構造にも値としては微々
  たるものではあるが影響を残す．この影響を吟味するには，量子電気
  力学と呼ばれる場の理論による取り扱いが必要となるため，本書で扱
  う範囲を超えている．

　以上 (i)–(iii) の簡単化の結果書き下される動径方向の運動に関するシュレー
ディンガー方程式は次の通りである．

$$\left\{ \frac{d^2}{dr^2} + \frac{2}{r}\frac{d}{dr} - \frac{L(L+1)}{r^2} \right\} R(r) + \frac{2m_{\mathrm{e}}}{\hbar^2}\left(E + \frac{Ze^2}{4\pi\varepsilon_0 r} \right) R(r) = 0. \quad (3.45)$$

よく行われるように，まず，動径 r とエネルギー E を以下のように無次元量 ρ
および n を用いて書き換えよう．典型的な長さは式 (1.7) で与えられるボーア

3.4 水素原子の構造 **55**

半径 r_B, 典型的なエネルギーは式 (1.9) で与えられることを思い出すと,

$$r = \frac{n r_B \rho}{2Z}, \tag{3.46}$$

$$E = -\frac{Z^2 e^2}{8\pi\varepsilon_0 r_B n^2} \tag{3.47}$$

とおくのが便利である. すると, 式 (3.45) は以下の式に変換される.

$$\frac{d^2 R(\rho)}{d\rho^2} + \frac{2}{\rho}\frac{dR(\rho)}{d\rho} + \left\{ -\frac{1}{4} + \frac{n}{\rho} - \frac{L(L+1)}{\rho^2} \right\} R(\rho) = 0. \tag{3.48}$$

次に, 動径部分の波動関数 $R(\rho)$ の漸近的なふるまいを調べよう. 束縛状態を調べたいため, とりわけ $\rho \to \infty$ でのふるまいが重要となる. そこでは式 (3.48) の左辺のうち, ρ の負ベキに比例する三つの項は無視できるため,

$$\frac{d^2 R(\rho)}{d\rho^2} - \frac{1}{4} R(\rho) \sim 0 \tag{3.49}$$

が成り立つ. 定数係数の 2 階常微分方程式が得られたわけだが, その解は, ポテンシャル障壁の問題を論じた 2.3 節ですでに登場したようによく知られている. 具体的には, $e^{\frac{\rho}{2}}$ と $e^{-\frac{\rho}{2}}$ の重ね合わせとなるが, 束縛状態を表すのは後者の方である. 即ち, 波動関数の漸近的ふるまいは, 指数関数の ρ 依存性までの精度で, 以下のように表される.

$$R(\rho) \sim e^{-\frac{\rho}{2}}. \tag{3.50}$$

以上の漸近的な波動関数のふるまいを勘案すると,

$$R(\rho) \equiv F(\rho) e^{-\frac{\rho}{2}} \tag{3.51}$$

とおくのが便利である. 微分方程式 (3.48) に波動関数 (3.51) を代入すると,

$$\frac{d^2 F}{d\rho^2} + \left(\frac{2}{\rho} - 1 \right)\frac{dF}{d\rho} + \left\{ \frac{n-1}{\rho} - \frac{L(L+1)}{\rho^2} \right\} F = 0 \tag{3.52}$$

が得られる. この微分方程式は 2 階線形常微分方程式であるが, 定数係数ではない項があるため, すぐには解けない. ここでは, 2.4 節で用いた手法, 即ち, $F(\rho)$ が ρ に関してベキ級数展開できると仮定し, 微分方程式を数列の漸化式に書き換えるという手法を踏襲する.

実際,

$$F(\rho) = \rho^s (a_0 + a_1 \rho + a_2 \rho^2 + \cdots) \tag{3.53}$$

56　　　　　　第 3 章　3 次元のポテンシャル問題

とおいて解を探せばよさそうである．ここで，$a_0 \neq 0$，s は負でないベキ指数
である．なお，2.4 節の場合と異なり，微分方程式 (3.52) において ρ を $-\rho$ と
置き換えても微分方程式が不変にはならないため，ベキは 1 次ずつ上がる．こ
の展開を式 (3.52) に代入することにより，ρ の最低次から順に各項の係数がゼ
ロとなる条件を書き下せばよい．$O(\rho^{s-2})$，$O(\rho^{s-1})$，$O(\rho^s)$ の係数から，

$$\{s(s-1) + 2s - L(L+1)\}a_0 = 0, \tag{3.54}$$

$$\{(s+1)s + 2(s+1) - L(L+1)\}a_1 + \{-s + (n-1)\}a_0 = 0, \tag{3.55}$$

$$\{(s+2)(s+1) + 2(s+2) - L(L+1)\}a_2 + \{-(s+1) + (n-1)\}a_1 = 0 \tag{3.56}$$

が得られる．これらの関係式より，$a_0 = a_1 = \cdots = 0$ 以外の解を得るには，
式 (3.54) の左辺において係数がゼロ，即ち $(s-L)(s+L+1) = 0$ を満たす必
要がある．方位量子数 L が自然数であることを思い出すと，$s = L$ と決まる．
なお，$s = -(L+1)$ の可能性は物理的に除外される．この場合，s が負となる
ことから $\rho \to 0$ で $F(\rho)$ が有限におさまらなくなるためである．

　一般の項に対しては，$O(\rho^{k+L-1})$ の係数から，

$$\{(k+L+1)(k+L) + 2(k+L+1) - L(L+1)\}a_{k+1}$$
$$+ \{-(k+L) + (n-1)\}a_k = 0 \tag{3.57}$$

という漸化式が得られる．整理すると，漸化式は

$$a_{k+1} = \frac{k+L+1-n}{(k+2L+2)(k+1)}\,a_k \tag{3.58}$$

のように書ける．この漸化式を解くにあたり，右辺の係数がゼロとなりうるか
否かで場合分けをするのが便利である．

(i)　すべての k で $k + L + 1 - n \neq 0$ のとき：

$k \to \infty$ で $a_{k+1} \sim k^{-1}a_k$ より，$a_k \sim \frac{1}{k!}$ のようにふるまう．すると，

$$F(\rho) \sim \rho^L \sum_{k=0}^{\infty} \frac{\rho^k}{k!} = \rho^L e^\rho \tag{3.59}$$

となるため，波動関数は，$R \sim \rho^L e^{\frac{\rho}{2}}$ のようにふるまうこととなる．これは，
明らかに束縛状態ではない．

3.4 水素原子の構造　**57**

(ii) あるk（0を含む自然数，以下Nとおく）でk+L+1-n=0となるとき：

$n = N + L + 1$を満足する．すると，$a_N \neq 0$, $a_{N+1} = a_{N+2} = \cdots = 0$となり，$\rho \to \infty$で波動関数は$R \sim \rho^{L+N} e^{-\frac{\rho}{2}}$のように急激にゼロに近づくのである．これは，まさに束縛状態に相当する．対応するエネルギー固有値は，式 (3.47) より，

$$E_n = -\frac{Z^2 e^2}{8\pi\varepsilon_0 r_{\mathrm{B}} n^2} \tag{3.60}$$

で与えられる．ここで，nは主量子数に対応し，$n = 1, 2, 3, \ldots$ をとる．

かくして水素原子に対するボーアの理論の帰結である式 (1.9) が再現された．次に，エネルギー固有値E_nを有する状態（固有状態）の性質を詳しく調べよう．対応する動径方向の波動関数は，主量子数n，方位量子数Lによって特徴づけられるため，$R_{n,L}(\rho)$とおく．さらに，

$$R_{n,L}(\rho) \equiv e^{-\frac{\rho}{2}} \rho^L G_{n,L}(\rho) \tag{3.61}$$

とおき，$G_{n,L}(\rho)$が満たす微分方程式を書き出そう．式 (3.61) の形は，漸近的ふるまい (3.50) とそれに付随する多項式部分 (3.53) の最低次がL次であることを勘案したものである．すると，

$$\rho \frac{d^2 G_{n,L}}{d\rho^2} + \{2(L+1) - \rho\}\frac{dG_{n,L}}{d\rho} + (n - L - 1)G_{n,L} = 0 \tag{3.62}$$

が得られるわけだが，特殊関数を用いれば，答えをコンパクトに表現することができる．実際，**ラゲール (Laguerre) の随伴多項式**（或いは**陪多項式**）と呼ばれる特殊関数$L_{n+L}^{2L+1}(\rho)$が，微分方程式 (3.62) の解となるのである[5]．$L_{n+L}^{2L+1}(\rho)$の具体的な形を書き出すには，関数列

$$\frac{(-u)^p e^{-\frac{\rho u}{1-u}}}{(1-u)^{p+1}} = \sum_{q=p}^{\infty} \frac{L_q^p(\rho)}{q!} u^q \tag{3.63}$$

が便利である．ここで，$u < 1$である．左辺をuに関して展開すれば，

$$L_{n+L}^{2L+1}(\rho) = \sum_{k=0}^{n-L-1} \frac{(-1)^{k+2L+1}\{(n+L)!\}^2 \rho^k}{(n-L-k-1)!\,(2L+k+1)!\,k!} \tag{3.64}$$

---

[5] 詳細は，たとえば岩波数学公式 III を参照のこと．

58　　　　　　第 3 章　3 次元のポテンシャル問題

が得られる．また，これらのラゲールの随伴多項式は，

$$\int_0^\infty d\rho \, \rho^2 e^{-\rho} \rho^{2L} \{L_{n+L}^{2L+1}(\rho)\}^2 = \frac{2n\{(n+L)!\}^3}{(n-L-1)!} \tag{3.65}$$

を満足する．

　ここで，ラゲールの随伴多項式は $n-L-1$ 個のゼロ点をもつことに注意しよう．これは，式 (3.64) の展開形が $n-L-1$ 次の多項式であることからも予想できる．ゼロ点の数は動径方向の固有波動関数の節の数に相当する．角度方向はどうだったであろうか．3.2 節で見たように，球面調和関数の性質より，L 個の節に相当するものが出ることがわかった．したがって，全固有波動関数の概形は，$n-1$ 個の節の存在により特徴づけられるのである．

　ここまで水素様原子の動径方向の固有波動関数の詳細，および球面調和関数を含む全固有波動関数の節の数を見てきた．最後に規格化された全固有波動関数を書き出そう．そのために，中心力ポテンシャル中で粒子が運動する場合の一般形 (3.41) において $R(r)$ を式 (3.61) に置き換え，さらに，$G_{n,L}(\rho)$ をラゲールの随伴多項式 $L_{n+L}^{2L+1}(\rho)$ に比例するようにおく．すると，$n \geq L+1$ に対して，

$$\psi_{n,L,M}(r,\theta,\varphi) = Y_L^M(\theta,\varphi)R_{n,L}(r), \tag{3.66}$$

$$R_{n,L}(\rho) = -\sqrt{\left(\frac{m_e Z e^2}{2\pi\varepsilon_0 n\hbar^2}\right)^3 \frac{(n-L-1)!}{2n\{(n+L)!\}^3}} \, e^{-\frac{\rho}{2}} \rho^L L_{n+L}^{2L+1}(\rho) \tag{3.67}$$

と書ける．ここで，因子 $-\sqrt{\left(\frac{m_e Z e^2}{2\pi\varepsilon_0 n\hbar^2}\right)^3 \frac{(n-L-1)!}{2n\{(n+L)!\}^3}}$ を導くのに，式 (3.65) を用いた．因子内の負符号には任意性があり，$e^{i\delta}$ のような位相因子で置き換えられるが，-1 に固定しても観測量には影響がない．なお，球面調和関数については，式 (3.37) のように規格化されていることに注意しよう．したがって，因子を導く際は，全固有波動関数の自乗を全空間で積分した場合に 1 となる条件として，

$$1 = \int d^3x \, |\psi_{n,L,M}(r,\theta,\varphi)|^2$$

$$= \int_0^\infty dr \, r^2 \int_{-1}^1 d(\cos\theta) \int_0^{2\pi} d\varphi \, |\psi_{n,L,M}(r,\theta,\varphi)|^2$$

$$= \left(\frac{2\pi\varepsilon_0 n\hbar^2}{m_{\mathrm{e}}Ze^2}\right)^3 \int_0^\infty d\rho\, \rho^2 \left|R_{n,L}(\rho)\right|^2 \int_{-1}^1 d(\cos\theta) \int_0^{2\pi} d\varphi \left|Y_L^M(\theta,\varphi)\right|^2$$

$$= \left(\frac{2\pi\varepsilon_0 n\hbar^2}{m_{\mathrm{e}}Ze^2}\right)^3 \int_0^\infty d\rho\, \rho^2 \left|R_{n,L}(\rho)\right|^2 \tag{3.68}$$

となることを用いた.

　以上で全固有波動関数が与えられた. 一方, エネルギー固有値 (3.60) はすでに得られていたが, 主量子数 n のみによっていた. 中心力ポテンシャルの場合, 一般にエネルギー固有値は磁気量子数 M によらないため, それに伴う縮退が生じるが, クーロン相互作用に対しては, 方位量子数 L に対しても縮退が生じうる. 実際, 1 以上の主量子数に対し, $n \geq L+1$ の範囲で L は複数とれるが, このすべての L に対し, エネルギー固有値は縮退するのである. これはクーロン相互作用系の特徴といえる.

例題 14

　主量子数 n に対し, 縮退度 (縮退する状態の数) が n^2 となることを示せ.

【解答例】 $n \geq L+1$ を満たす各 L に対し, 磁気量子数 M に伴う縮退度は $2L+1$ である. ここで, 不等式 (3.35) を満たす範囲で M が整数値をとることを用いた. すると, L について縮退度 $2L+1$ を足し上げることにより,

$$\sum_{L=0}^{n-1}(2L+1) = n^2 \tag{3.69}$$

が得られる. □

　最後に縮退度を表す模式図 (図 3.4) を与えよう. これは水素原子の構造を示すのに大変有用である. 縦にエネルギー固有値を主量子数 n ごとに並べ, 横軸には方位量子数 L をとる. すると, $n \geq L+1$ を満たす (n, L) の組がプロットされるが, それぞれに n の値と L を特徴づけるアルファベットが付されている. これはいわゆる軌道名であり, 表 3.1 に定義を示す.

　水素原子の各軌道に対し, 波動関数の概形を与えておこう. 角度方向については球面調和関数の性質で決まり, そのふるまいをいくつかの L に対して図示

第3章 3次元のポテンシャル問題

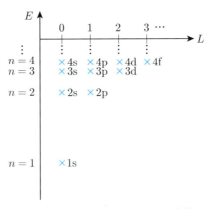

図 3.4 水素原子のエネルギー準位

表 3.1 軌道名

L	0	1	2	3	4
軌道名	s	p	d	f	g
偶奇性	偶	奇	偶	奇	偶

したのが図 3.5 である．なお，s 軌道の角度方向の概形は球形となるが，p 軌道，d 軌道と L が大きくなるにつれ，系統的に節の数が増えていくことがわかる．一方，動径方向については，n が同じであればボーアの理論でも予想されていた通り，平均的な軌道半径は同じとみなしてよい（実際 $\frac{1}{r}$ の平均値（期待値）は L によらない（章末問題））．$n = 3$ の場合に，動径方向の波動関数をプロットしたのが図 3.6 である．3s 状態は，遠心力が働かないため $r = 0$ 近傍に存在する確率が大きいが，3p 状態，3d 状態と遠心力が大きくなるにつれ，$r = 0$ 近傍の存在確率は抑えられるのである．

ここで，元素の周期律表との関連を述べておこう．1s 状態は，本節冒頭に述べた電子スピンの 2 自由度を加味すると，電子が二つまで入る状態，即ち水素・ヘリウムの行に相当することになる．もちろん電子を増やすとそれに応じて原子番号（陽子数）を増やしていく必要があるが，ここでは水素様原子を考えることにより，最初の一つ目の電子を原子核に束縛させた場合のエネルギー準位も図 3.4 と同様であることを解析済みであることに注意しよう．ヘリウムの場合，二つ目の電子を束縛させようとすると，すでに束縛された電子からクーロ

3.4 水素原子の構造

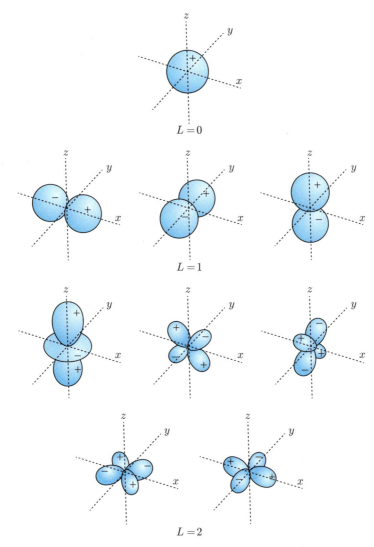

図 3.5 水素原子の波動関数の角度分布. $L=0$ の場合は Y_0^0, $L=1$ の場合は $-\mathrm{Re}\, Y_1^1$, $-\mathrm{Im}\, Y_1^{-1}$, Y_1^0, $L=2$ の場合は Y_2^0, $\mathrm{Re}\, Y_2^1$, $\mathrm{Im}\, Y_2^{-1}$, $\mathrm{Im}\, Y_2^{-2}$, $\mathrm{Re}\, Y_2^2$ を示す.

ン反発力をうけることになるが、それでもなお、図 3.4 は定性的に有効である。

1s 状態に電子を 2 個埋めると、次の電子は 2s 状態に入ることになる。2s 状態にも電子が 2 個までしか入れず、全電子数が 3 または 4 の状態はそれぞれリチウム・ベリリウムに対応する。一方、2p 状態には電子が 6 個まで入れる。軌道の数は異なる M の数、即ち 3 個あるが、それぞれの軌道に電子スピンの 2 自由度があることを加味すると、計 6 個の電子が入れるのである。電子が一つずつ増えてできる状態は、それぞれホウ素・炭素・窒素・酸素・フッ素・ネオンに対応する。6 個の電子の入り方にはフント (Hund) 則と呼ばれる規則性があるが、その背景を論じるのは本書の範囲を超えるため割愛する。

上記の 2s 状態、2p 状態からさらに電子数が増えていくと、3s 状態、3p 状態、4s 状態、3d 状態、4p 状態、… と順に埋まっていくが、図 3.4 の縮退は電子間のクーロン斥力のために解けることになる。ここで、図 3.6 に示すように、同じ n に対しては、L が小さい、即ち遠心力が小さいほど電子が原子核の近くにいやすいことに注意しよう。すると、電子・原子核間のクーロン引力をかせげるため、エネルギーが相対的に低くなる。他方、L が大きい状態では、遠心力のため電子が原子核から遠ざけられる分、他の電子により原子核の電荷が遮蔽され、エネルギーが高くなるのである。

本節の最後に、表 3.1 に載せた偶奇性について述べておこう。ここでは、**空間反転**に対する波動関数のふるまいを問題にしており、この変換は、図 3.7 にあるように、$\theta \to \pi - \theta$ かつ $\varphi \to \varphi + \pi$ により実現される。すると、

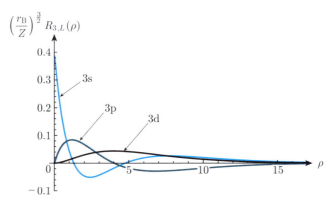

図 3.6　水素原子の波動関数の動径分布。$n = 3$, $L = 0$–2 の場合を示す。

$$Y_L^M(\pi - \theta, \varphi + \pi) = (-1)^L Y_L^M(\theta, \varphi) \tag{3.70}$$

が成り立つため，L の偶奇により，空間反転による波動関数の符号変化の有無が決まる．実際，L が奇（偶）数のときは，波動関数は奇（偶）関数となるのである．

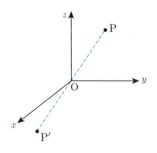

図 3.7　空間反転

例題 15

関係 (3.70) が成り立つことを示せ．

【解答例】　式 (3.36) より，球面調和関数の角度依存性は，$Y_L^M(\theta, \varphi) \propto P_L^{|M|}(\cos\theta)e^{iM\varphi}$ のようになる．すると，式 (3.28), (3.32) より

$$P_L^{|M|}(-\cos\theta) = (-1)^{L+|M|} P_L^{|M|}(\cos\theta) \tag{3.71}$$

が得られ，また，$e^{iM(\varphi+\pi)} = (-1)^M e^{iM\varphi}$ より，式 (3.70) が成り立つ．　□

演 習 問 題

演習 3.1　運動エネルギーにポテンシャルを加えたものをハミルトニアン $\widehat{H}$ と書くことにする．量子力学において $\widehat{H}$ は演算子であり，2.1 節で導入された定常状態のシュレーディンガー方程式 (2.19) は $\widehat{H}\psi(\boldsymbol{x}) = E\psi(\boldsymbol{x})$ と表示できる．以下，次のハミルトニアンで与えられる 3 次元球対称井戸型ポテンシャル問題を考える．

$$\widehat{H} = -\frac{\hbar^2 \boldsymbol{\nabla}^2}{2m} - V_0 \theta(a - |\boldsymbol{x}|). \tag{3.72}$$

ただし，$\theta(x)$ は階段関数である：

$$\theta(x) = \begin{cases} 0, & x \leq 0 \\ 1, & x > 0. \end{cases}$$

$a, V_0 > 0$ として，束縛状態のエネルギー固有値と固有関数を求めよ【巻末に**解答例あり**】．

演習 3.2 次の 3 次元調和振動子ハミルトニアンのエネルギー固有値問題を解け．

$$\widehat{H} = -\frac{\hbar^2 \boldsymbol{\nabla}^2}{2m} + \frac{m\omega^2}{2}\,\boldsymbol{x}^2. \tag{3.73}$$

演習 3.3 ポテンシャルが以下のように座標のベキに比例するとする（V_0：比例定数）．

$$V(\boldsymbol{x}) = V_0|\boldsymbol{x}|^n, \quad n \neq 0. \tag{3.74}$$

束縛状態 $\psi(\boldsymbol{x})$ に関して次の式が成り立つことを示せ：

$$2\int d^3x\,\psi^*(\boldsymbol{x})\,\frac{-\hbar^2\boldsymbol{\nabla}^2}{2m}\,\psi(\boldsymbol{x}) = n\int d^3x\,\psi^*(\boldsymbol{x})V(\boldsymbol{x})\psi(\boldsymbol{x}).$$

このような運動エネルギーとポテンシャルの期待値の関係式を古典力学と同様に**ビリアル定理**と呼ぶ．

演習 3.4 水素原子における量子数 (n, L, M) の固有状態による $\frac{1}{r}$ の期待値を求め，方位量子数 L によらないことを示せ【巻末に**解答例あり**】．

演習 3.5 質量 m_1 と m_2 の二つの粒子がポテンシャル $V(|\boldsymbol{x}_1 - \boldsymbol{x}_2|)$ で相互作用している量子力学系を考える．この問題は，古典力学と同様に，換算質量を $\mu = \dfrac{m_1 m_2}{m_1 + m_2}$ とした相対座標 $\boldsymbol{r} = \boldsymbol{x}_1 - \boldsymbol{x}_2$ に関する 1 粒子ポテンシャル問題に帰着することを示せ【巻末に**解答例あり**】．

演習 3.6 水素原子の陽子と電子の相対座標に関する古典的ハミルトニアンは次のように与えられる：

$$H = \frac{1}{2m_r}\,\boldsymbol{p}^2 - \frac{e^2}{4\pi\varepsilon_0|\boldsymbol{x}|}. \tag{3.75}$$

位置と運動量の不確定性関係 $\Delta x\,\Delta p_x \geq \dfrac{\hbar}{2}$ などを用いて，基底エネルギーを見積もってみよ[6]．

---

[6] 陽子質量は電子質量の 2000 倍ほど大きいので，換算質量は電子の質量とほぼ同じである：$m_r \simeq m_e$．

第4章

基底と演算子

　量子力学の対象としては，前章で挙げたものが典型例であることは確かであるが，それらはごく一部に過ぎない．そこで，系（たとえば電子）の状態を記述するための「土俵」を用意する．古典物理学においては，電子の位置と運動量を決定することが重要であり，ある意味では「土俵」は意図せずとも用意されていた．しかし，1.4節で述べたように，位置を決めれば運動量が決まらず，その逆もまたしかりである．さらに一歩進んで，実数値で表される位置や運動量にすらこだわらずに，状態を指定できないものであろうか．この発想は，便宜的な意義のみならず，電子や光などの状態を一般的に指定する上でむしろ必要なものであるとわかる．上記の意味での「土俵」のことを，ここでは**基底**と呼ぶこととする．基底は無数にあってよい．つまり，基底を変換して，別の基底に移ることができる．他方，**測定**により，状態を指定することができる．**基底の変換**，測定を担うのは**演算子**の役割である．ここでは，基底および演算子の基本性質[1]を紹介する．

4.1　基本的仮定

　第1章の後半で議論した2重スリット実験を再度考えよう．そこでは確率振幅を ϕ と表したが，ここでは，その都度 ϕ の意味を考えなくてもよいように，より一般的な表記を利用する．これは，ディラック (Dirac) により考案された**ブラケット**と呼ばれるものであり，しかるべく用意された始めの状態が終わりの状態に見出される確率振幅を，

$$\phi = \langle\,終わりの状態\,|\,始めの状態\,\rangle \tag{4.1}$$

---

[1] 本書での内容は，主に「ファインマン物理学」（第5巻・量子力学・岩波書店）と「現代の量子力学」（第1巻・J. J. サクライ著・吉岡書店）を基としているが，より発展的な内容については，後者の文献を参照されたい．

と表す. かっこ (bracket) の左側と右側を綴りの上でも分解し, 中心線より左側を**ブラ** (bra), 右側を**ケット** (ket) と呼ぶ. 分解したブラとケットは,

$$\langle\, 終わりの状態\, |, \quad |\, 始めの状態\, \rangle \tag{4.2}$$

と書かれる. 始めと終わりの状態については, それらを特徴づける記号に置き換えるのが通常であり, 2重スリット実験においては, それぞれ, 電子銃という粒子源 (source) の頭文字, 検出器の位置 x を用いて, $\langle x|, |S\rangle$ と書くなどする. 要は, 客観性があり, 一見してすぐわかる必要最小限な記述が好まれる.

ここで, 壁に跳ね返されて壁の右側に達しない電子は除外し, あくまで, 二つのスリットのどちらかを通過した電子のみに着目しよう. すると, 電子の状態は, スリット 1, 2 のどちらを通ったかだけで指定することができる. つまりこれら二つの状態だけで基底を構成することができるのである. まず, 1.3 節で問題にした, スリット i を通った場合の確率振幅 ϕ_i を, ブラケットを用いて書いてみよう.

$$\phi_i = \langle x|i\rangle\langle i|S\rangle \tag{4.3}$$

のように, 確率振幅の直積で書けるものとしよう. それぞれの確率振幅において, $|i\rangle$ や $\langle i|$ はまさに**中間状態**の役割を担う.

すると, **重ね合わせの原理** (1.15) は, ブラケット表記により,

$$\langle x|S\rangle = \sum_{i=1}^{2} \langle x|i\rangle\langle i|S\rangle \tag{4.4}$$

と表される. この式は, 中間状態に $|1\rangle, |2\rangle$ と 2 種類あり, これらの状態の重ね合わせとしていかなる状態をも記述可能であることを示唆するとともに, そのシンプルさ故, いかなる系にも一般化可能である. この示唆を垣間見るには, 式 (4.4) において, ブラ $\langle x|$ を外してみるとよい. すると,

$$|S\rangle = \sum_{i=1}^{2} |i\rangle\langle i|S\rangle \tag{4.5}$$

を得るが, ここで重要となるのが, 確率振幅 $\langle i|S\rangle$ を具体的に指定することである.

さらに, 1.3 節にあるように, 電子が x に位置する検出器に見出される確率は, 式 (1.14) により与えられるものとする. ブラケット表記では,

$$P = |\langle x|\mathrm{S}\rangle|^2 \tag{4.6}$$

で与えられる.

式 (4.4), (4.6) で表される確率振幅の性質が一般的に成り立つと主張するのが量子力学である. なお, 2 重スリットの場合は 2 状態系の典型例であるが, スリットの数を増やせばその数だけ中間状態の数 (**基底の次元**) が増える.

4.2 基　底

ここで, 系 (たとえば電子) の状態を記述するための「土俵」, 即ち基底を用意する. 実際の相撲においても, 土俵にはその形状と大きさに厳密なしばりがある. ここでも同様に, 基底の満たすべき条件を与えつつ, 光の偏極の例を通じて基底の構成法を学ぶ.

系が $|\psi\rangle$ (いわゆる**状態ケット**) で指定される状態にあるとしよう[2]. この状態を, 必要最小限の数 N (次元) の**基本状態** $|\psi_i\rangle$ $(i = 1, 2, \ldots, N)$ の重ね合わせとして表現することは, 量子力学の表現法の基礎となる. 具体的には, 式 (4.5) を拡張し,

$$|\psi\rangle = \sum_{i=1}^{N} |\psi_i\rangle \langle \psi_i | \psi\rangle \tag{4.7}$$

が成立するものとする. これは, 式 (4.5) において, $N = 2$ を一般の N としたものである. 式 (4.7) に現れる確率振幅 $\langle \psi_i | \psi\rangle$ は特に重要であり, $c_i \equiv \langle \psi_i | \psi\rangle$ と定義することにより,

$$|\psi\rangle = \sum_{i=1}^{N} c_i |\psi_i\rangle \tag{4.8}$$

と書くことができる. すると重ね合わされている様子がよく見える. ここで, c_i は系が基本状態 $|\psi_i\rangle$ に見出される確率振幅であり, 一般に複素数である. c_i をいかに決めるかが量子力学の基本的問題であり, 物理量の (実数) 値を決定する古典物理学の枠組みをコンセプト上, さらには数字の上でも超えていく必

---

[2] 状態の時間発展については第 6 章にゆずり, ここでは状態は時間によらないとする.

68　　　　　　　　　　第 4 章　基底と演算子

要があるのである. c_i がわかれば, 式 (4.6) と同様, 系が基本状態 $|\psi_i\rangle$ に見出される確率 P_i は,

$$P_i = |c_i|^2 \tag{4.9}$$

で与えられる.

このように,「土俵」に見立てた基本状態の集合 $\{|\psi_i\rangle\}$ のことを**基底**と呼ぶ[3]. 基底が満たすべき性質として, 規格直交性

$$\langle\psi_i|\psi_j\rangle = \delta_{ij} \tag{4.10}$$

を課す. ここで, δ_{ij} は**クロネッカー (Kronecker) のデルタ**であり, $i = j$ のときは 1 を与える一方, $i \neq j$ のときは 0 を与える. 条件 (4.10) は確率解釈の基礎となるが, この条件に従う基底は一通りではなく, 一般にいくらでも作ることができる.

終わりの状態を復活させることも容易である. 式 (4.4) の拡張として, $|\psi\rangle$ を一般の状態 $|\phi\rangle$ に見出す確率振幅は,

$$\langle\phi|\psi\rangle = \sum_{i=1}^{N} \langle\phi|\psi_i\rangle\langle\psi_i|\psi\rangle \tag{4.11}$$

で与えられる.

ここで, 基底の具体例として, $N = 2$ の場合を考えてみよう. 身近な例としては, **偏光**が挙げられる. z 方向に進行する一定の波長の光を考えると, 任意の**直線偏光**は, 古典電磁気学において, x 方向の直線偏光と y 方向の直線偏光の重ね合わせで与えられることを知っている. 実際, 図 4.1 のように, x 軸から角度 α ずれた方向に振動する電場を考えると, それは,

$$\boldsymbol{E}(z,t) = E_0(\boldsymbol{e}_x \cos\alpha + \boldsymbol{e}_y \sin\alpha)\cos(kz - \omega t) \tag{4.12}$$

のように, 基本ベクトル $\boldsymbol{e}_x, \boldsymbol{e}_y$ を用いて表すことができる. ここで, k, ω は光の波数, 角振動数である.

---

[3] これらの基本状態の重ね合わせで表される無限個の状態からなる集合のことをヒルベルト (Hilbert) 空間と呼ぶ. 両国の土俵であろうが, 福岡の土俵であろうが, 相撲の取組の結果は同様に無数にあることと似ている. ここで各土俵を別個の基底に, 無数の取組結果全体をヒルベルト空間に見立てている.

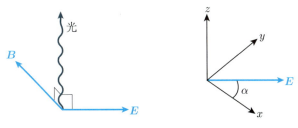

図 4.1　直線偏光の状態

式 (4.12) は古典的な波の振幅の重ね合わせに相当するが，この関係がそのまま量子力学の世界でも成立すると要請することにより，図 4.1 の直線偏光の状態ケットを $|\alpha\rangle$ と表すと，

$$|\alpha\rangle = \cos\alpha |x\rangle + \sin\alpha |y\rangle \tag{4.13}$$

となる．ここで，$|x\rangle$, $|y\rangle$ は，それぞれ，x 方向の直線偏光と y 方向の直線偏光の状態ケットである．これらの直線偏光は古典的には電場同士の内積をとるとゼロ，即ち互いに直交するため，量子論的にも

$$\langle x|y\rangle = \langle y|x\rangle = 0 \tag{4.14}$$

と書けるが，さらに，

$$\langle x|x\rangle = \langle y|y\rangle = 1 \tag{4.15}$$

も成り立つとする．すると，式 (4.14), (4.15) はまさに基底の条件 (4.10) を満たすのである．

式 (4.13) と式 (4.8) を比較することにより，

$$\langle x|\alpha\rangle = \cos\alpha, \quad \langle y|\alpha\rangle = \sin\alpha \tag{4.16}$$

を得る．したがって，状態 $|\alpha\rangle$ を基本状態 $|x\rangle$, $|y\rangle$ に見出す確率は，それぞれ，$\cos^2\alpha$, $\sin^2\alpha$ となる．

ここで，これらの確率を測定する実験を考えてみよう．その概要を図 4.2 に示す．y 方向の直線偏光のみ通す偏光板に光を当てることにより，光の強度は，$\sin^2\alpha$ 倍となる．光子という描像に立った場合，単一の光子がぱかっと二つに分かれてのち $\sin^2\alpha$ の部分が偏光板を通過すると考えるのはナンセンスである．通常は，たくさんの光子があって，それぞれが偏光板を通過するかしないかのどちらかであり，割合として $\sin^2\alpha$ の光子が通過すると考える．どうして

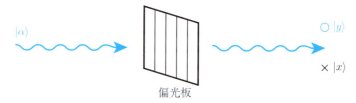

図 4.2　直線偏光状態 $|\alpha\rangle$ を基本状態 $|y\rangle$ に見出す確率を知る方法

も単一の光子で考える必要がある場合は，時間的に $\sin^2\alpha$ の割合で y 方向の直線偏光のようにふるまっていると考えればよい．

$\{|x\rangle, |y\rangle\}$ 以外にも，基底はいくらでもある．そのうちの重要なものは，**円偏光**にまつわるものである．図 4.3 に示すように，電場の振幅が一定のまま，向きが z 軸の正の側から見て反時計回りに回転する場合を右円偏光と呼ぶ．これは，直線偏光を $\frac{1}{4}$ 波長板にあてることで作ることができる．対応する電場は，古典的に，

$$\boldsymbol{E}(z,t) = \frac{1}{\sqrt{2}} E_0 \left\{ \boldsymbol{e}_x \cos(kz - \omega t) + \boldsymbol{e}_y \cos\left(kz - \omega t + \frac{\pi}{2}\right) \right\} \quad (4.17)$$

と書くことができる．このように表現された電場が実際反時計回りに回転していることを見るには，$z=0$ に固定しつつ，t を 0 から徐々に増やしていったとき，電場の x, y 成分中の cos 部分がそれぞれ 1, 0 からずれる様子を具体的に調べればよい．

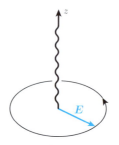

図 4.3　右円偏光状態

4.2 基　　底　　**71**

例題 16

オイラー (Euler) の公式を用いることにより，電場 (4.17) は

$$\boldsymbol{E}(z,t) = \frac{1}{\sqrt{2}} E_0 \,\text{Re}\Big[\boldsymbol{e}_x e^{i(kz-\omega t)} + i\boldsymbol{e}_y e^{i(kz-\omega t)}\Big] \tag{4.18}$$

とも書けることを示せ．

【解答例】　オイラーの公式 $(e^{i\theta} = \cos\theta + i\sin\theta)$ より，$\text{Re}[e^{i(kz-\omega t)}] = \cos(kz-\omega t)$，$\text{Re}[e^{i(kz-\omega t+\frac{\pi}{2})}] = \cos(kz-\omega t+\frac{\pi}{2})$ が成り立つ．これらを，式 (4.17) に代入すると，

$$\boldsymbol{E}(z,t) = \frac{1}{\sqrt{2}} E_0 \,\text{Re}\Big[\boldsymbol{e}_x e^{i(kz-\omega t)} + \boldsymbol{e}_y e^{i(kz-\omega t+\frac{\pi}{2})}\Big] \tag{4.19}$$

が得られる．さらに，同公式より得られる $e^{i\frac{\pi}{2}} = i$ を用いると，$e^{i(kz-\omega t+\frac{\pi}{2})} = e^{i(kz-\omega t)}e^{i\frac{\pi}{2}} = ie^{i(kz-\omega t)}$ が成り立つため，式 (4.19) は式 (4.18) に帰着する．

$$\square$$

　右円偏光状態を $|\text{R}\rangle$ と表すと，式 (4.18) の実部の中身が確率振幅に相当するとみなすことにより，

$$|\text{R}\rangle = \frac{1}{\sqrt{2}}(|x\rangle + i|y\rangle) \tag{4.20}$$

と書くことができる．式 (4.20) に虚数単位が係数として出現することは注目に値する．量子論における「波」の振幅が，古典論と異なり，一般に複素数となることがこの簡単な例からも読み取れるのである．

　左円偏光状態については古典的に図 4.4 のようにふるまうため，右円偏光の場合と全く同様にして，

$$\boldsymbol{E}(z,t) = \frac{1}{\sqrt{2}} E_0 \,\text{Re}\Big[\boldsymbol{e}_x e^{i(kz-\omega t)} - i\boldsymbol{e}_y e^{i(kz-\omega t)}\Big] \tag{4.21}$$

と書くことができる．したがって，左円偏光状態を $|\text{L}\rangle$ と表すと，式 (4.21) の実部の中身が確率振幅に相当するとみなすことにより，

$$|\text{L}\rangle = \frac{1}{\sqrt{2}}(|x\rangle - i|y\rangle) \tag{4.22}$$

と書くことができる．

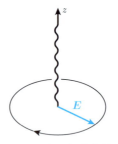

図 4.4 左円偏光状態

次に,ブラ $\langle R|, \langle L|$ を与えよう.そのために,$\{|R\rangle, |L\rangle\}$ も基底を構成することに着目する.これは,古典的に左右円偏光の電場同士の内積をとったときにゼロ,即ち左右円偏光が互いに直交していることから自然に要請される.すると,次のように書かれるべきであることを示すことができる.

$$\langle R| = \frac{1}{\sqrt{2}}(\langle x| - i\langle y|), \tag{4.23}$$

$$\langle L| = \frac{1}{\sqrt{2}}(\langle x| + i\langle y|). \tag{4.24}$$

──── 例題 17 ────
$\{|R\rangle, |L\rangle\}$ が規格直交条件 (4.10) を満たすことを示せ.

【解答例】
$$\langle R|R\rangle = \frac{1}{2}(\langle x| - i\langle y|) \cdot (|x\rangle + i|y\rangle)$$
$$= \frac{1}{2}(\langle x|x\rangle + i\langle x|y\rangle - i\langle y|x\rangle + \langle y|y\rangle) = 1. \tag{4.25}$$

ここで,最後の変形においては,式 (4.14), (4.15) を用いた.なお,1 行目から 2 行目への展開において,ブラケットの場合も通常の数と同様に扱うが,ブラとケットは交換できないことに注意しよう.全く同様にして,$\langle L|L\rangle = 1$,$\langle L|R\rangle = \langle R|L\rangle = 0$ を示すことができる. □

このようにして,式 (4.20), (4.23) は,係数において,複素共役であることになる.このようなブラとケットの 1 対 1 対応は,**双対対応** (dual correspondence) と呼ばれる.この対応は,いかなる状態に対しても成立するものと一般化できる.実際,式 (4.22), (4.24) においても全く同様の対応が成立する.

4.3 状態ベクトル

ブラケット表記は物理的意味をつかみやすいが，確率振幅の計算にはあまり便利ではない．そこで，ブラケット表記と**複素線形空間**の対応を与えよう．複素線形空間においては，線形代数学で学ぶように，ベクトルや行列に関する種々の有益な定理を利用できるのである．

まず状態ケット $|\psi\rangle$ を考えよう．式 (4.8) のような基本状態の重ね合わせで表現されることから，

$$|\psi\rangle \;\leftrightarrow\; \boldsymbol{u} = \begin{pmatrix} c_1 \\ c_2 \\ \vdots \\ c_N \end{pmatrix} \tag{4.26}$$

のような対応を考えることができる．ここで，$\leftrightarrow$ はディラックの記法と複素線形空間との1対1対応を表す．また，直下で見るように，縦ベクトルと横ベクトルは明確に区別する必要があることに注意しておく．

では，$|\psi\rangle$ の双対対応によって与えられる $\langle\psi|$（**状態ブラ**と呼ぶ）についてはどうであろうか．ここで，前節の最後で，$|\mathrm{R}\rangle$, $\langle\mathrm{R}|$ の対応が，式 (4.20), (4.23) によって与えられたことに着目しよう．係数が互いに複素共役の関係にあるため，$\langle\psi|$ は，複素線形空間では c_i^* を成分にもつベクトルに対応すると考えるのが自然である．とりあえず，ここでは横ベクトルで書いておこう．即ち，次のように書いておく．

$$\langle\psi| \;\leftrightarrow\; \boldsymbol{u}^\dagger = \begin{pmatrix} c_1^* & c_2^* & \cdots & c_N^* \end{pmatrix}. \tag{4.27}$$

次に，ブラケット表記での確率振幅を複素線形空間のベクトルで表そう．それには，式 (4.8) を見ればよい．$|\phi\rangle$ に対して，基本状態 $|\psi_i\rangle$ に見出す確率振幅を $d_i \equiv \langle\psi_i|\phi\rangle$ とすると，

$$\langle\phi|\psi\rangle = \sum_{i=1}^{N} d_i^* c_i \tag{4.28}$$

と書ける．ここで，

74　　　　　　　　第4章　基底と演算子

$$|\phi\rangle \quad \leftrightarrow \quad \boldsymbol{v} = \begin{pmatrix} d_1 \\ d_2 \\ \vdots \\ d_N \end{pmatrix} \tag{4.29}$$

とすると，確率振幅の複素線形空間における対応物は，

$$\langle\phi|\psi\rangle \quad \leftrightarrow \quad \boldsymbol{v}^\dagger \boldsymbol{u} \tag{4.30}$$

となる．これは，ベクトルの内積にほかならない[4]．

　次に内積の**交換則**を利用して，ブラとケットをひっくり返したときの確率振幅ともとの確率振幅の関係を与えよう．まず，

$$\boldsymbol{v}^\dagger \boldsymbol{u} = (\boldsymbol{u}^\dagger \boldsymbol{v})^* \tag{4.31}$$

が一般に成立することに着目すると，ブラケット表記の確率振幅に対して，

$$\langle\phi|\psi\rangle = \langle\psi|\phi\rangle^* \tag{4.32}$$

が成立する．

　式 (4.32) において，$|\phi\rangle = |\psi\rangle$ とすると，

$$\langle\psi|\psi\rangle = \langle\psi|\psi\rangle^* \tag{4.33}$$

が成立する．すると，$\langle\psi|\psi\rangle$（ノルムと呼ぶ）は実数となることがわかる．さらに，式 (4.30) に従って内積で表すと，$\langle\psi|\psi\rangle$ はベクトル $\boldsymbol{u}$ の大きさの自乗，即ち，

$$\boldsymbol{u}^\dagger \boldsymbol{u} = \sum_{i=1}^{N} |c_i|^2 \tag{4.34}$$

となり，一般に正の実数[5]となることがわかる．これは，確率振幅の絶対値の自乗が確率となることを保証している．

---

　[4] 内積は縦ベクトル同士の積 $\boldsymbol{u} \cdot \boldsymbol{v}$ などの形で書くこともあるが，定義のあいまいさを回避するために，ここでは行列の積のように書く．

　[5] 通常 1 にとる．

4.4 演 算 子

　以上で，量子力学において系の状態を記述するための「土俵」の準備ができた．状態は，基本状態の重ね合わせで表現できるのである．状態を変化させたり，状態の性質を調べるべく測定したりする場合，状態にイタズラをすることが必要となる．このイタズラを担うのが**演算子**の役割である．ここでいう演算子とは単なる数学上の記号を超えた概念である．

　実際，以下の図 4.5 に記すように，演算子 $\widehat{A}$ によって，ある状態 $|\psi\rangle$ が別の状態

$$|\psi'\rangle = \widehat{A}|\psi\rangle \tag{4.35}$$

に移るものとしよう．このような演算子の例としては，

$$\widehat{A} = |\psi'\rangle\langle\psi| \tag{4.36}$$

が挙げられる．ここで，$\langle\psi|\psi\rangle = 1$ とした．確率振幅と異なり，ケットの右にブラが来ることに注意しよう．

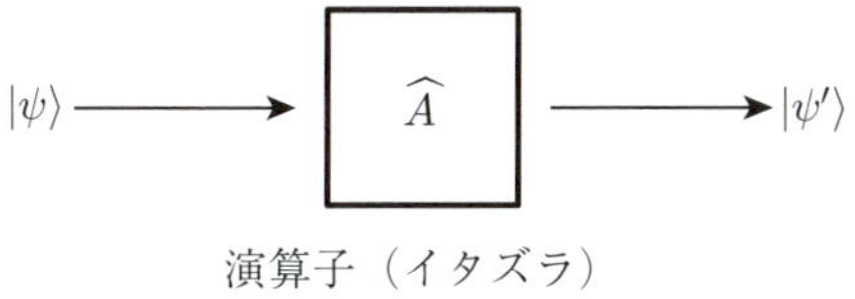

$$|\psi\rangle \longrightarrow \boxed{\widehat{A}} \longrightarrow |\psi'\rangle$$

演算子（イタズラ）

図 4.5　演算子の役割

　行き先がもとの状態 $|\psi\rangle$ と同じ場合は，とりわけ重要である．対応する演算子は**恒等演算子**と呼ばれ，$\widehat{A} = 1$ と表す．これは，基底が N 個の基本状態 $|\psi_i\rangle$ で構成される場合，式 (4.7) において，状態ケット $|\psi\rangle$ を除去して残る形から，

$$1 = \sum_{i=1}^{N} |\psi_i\rangle\langle\psi_i| \tag{4.37}$$

と書くことができる．これは，重ね合わせの原理の最もシンプルな一表現とみなせる．

76　　　　　　　　第 4 章　基底と演算子

　一般の演算子 $\widehat{A}$ について，以下の演算規則が成立する[6]．任意の状態 $|\psi\rangle$, $|\phi\rangle$ に作用するとき，

> **規則 1**：C を複素数とすると，
> $$\widehat{A}(C|\psi\rangle) = C\widehat{A}|\psi\rangle, \tag{4.38}$$
>
> **規則 2**：
> $$\widehat{A}(|\psi\rangle + |\phi\rangle) = \widehat{A}|\psi\rangle + \widehat{A}|\phi\rangle, \tag{4.39}$$
>
> **規則 3**：$\widehat{A} = 1$ のとき，
> $$|\psi\rangle = 1|\psi\rangle \tag{4.40}$$

と要請するのである．**規則 3** は，式 (4.37) と組み合わせると，式 (4.7) に行きつく．

　以上では，演算子は状態ケットに作用するものと考えたが，状態ブラに作用すると考えてもよい．そこで，

$$\langle\psi|\widehat{A} \equiv \langle\chi| \tag{4.41}$$

を考えよう．これに右から状態ケット $|\phi\rangle$ をほどこし，$|\phi\rangle$ を $|\chi\rangle$ に見出す確率振幅を作る[7]．この確率振幅に対して式 (4.32) を用いると，一般に

$$\langle\psi|\widehat{A}|\phi\rangle = \langle\phi|\chi\rangle^* \tag{4.42}$$

が成立する．左辺のような形は今後幾度も出現するが，ブラとケットに対し演算子 $\widehat{A}$ が同等にかかるように書かれている．これには意味があり，

$$\begin{aligned}
\langle\psi|\widehat{A}|\phi\rangle &= (\langle\psi|\widehat{A}) \cdot |\phi\rangle \\
&= \langle\psi| \cdot (\widehat{A}|\phi\rangle) \tag{4.43}
\end{aligned}$$

が成り立つことが含蓄されている．つまり，演算子 $\widehat{A}$ はブラとケットのどちらにかかっていると見てもよく，実際結果は変わらないのである．

---

[6] 時間反転など，規則に従わない演算子もあるが，本書の範囲を超えているため，言及のみにとどめる．

[7] $\langle\psi|\psi\rangle = 1$ の場合，$\langle\chi|\chi\rangle$ は 1 とならないのが一般的であるため，確率解釈を行う上で注意が必要である．

4.4 演算子

次に，具体的に $|\chi\rangle$ が $\widehat{A}$ と $|\psi\rangle$ によりどのように表されるかを調べよう．答えから先に言えば，

$$|\chi\rangle = \widehat{A}^\dagger |\psi\rangle \tag{4.44}$$

となる．ここで，$\dagger$ は**エルミート共役**であり，複素線形空間での行列に対する定義（転置と複素共役の組み合わせ）と同義である．すると，式 (4.42) と組み合わせることにより，

$$\langle\psi|\widehat{A}|\phi\rangle = \langle\phi|\widehat{A}^\dagger|\psi\rangle^* \tag{4.45}$$

という重要な定理が成立する．この関係式には，今後，幾度となくお世話になる．

答え (4.44) を確かめるべく，4.3 節で展開したブラケット表記と複素線形空間の対応を利用しよう．まず，基底が N 個の基本状態 $|\psi_i\rangle$ で構成される場合，式 (4.27) をそのまま利用しつつ，$\langle\chi|$ についても，

$$\langle\chi| \quad \leftrightarrow \quad \boldsymbol{w}^\dagger = \begin{pmatrix} b_1^* & b_2^* & \cdots & b_N^* \end{pmatrix} \tag{4.46}$$

のような対応を与えておく．ここで，$b_i = \langle\psi_i|\chi\rangle$ である．すると，

$$\langle\psi|\widehat{A} = \langle\chi|$$

$$\leftrightarrow \quad \begin{pmatrix} c_1^* & c_2^* & \cdots & c_N^* \end{pmatrix} \begin{pmatrix} a_{11} & a_{12} & \cdots & a_{1N} \\ a_{21} & a_{22} & \cdots & a_{2N} \\ \vdots & \vdots & & \vdots \\ a_{N1} & a_{N2} & \cdots & a_{NN} \end{pmatrix} = \begin{pmatrix} b_1^* & b_2^* & \cdots & b_N^* \end{pmatrix} \tag{4.47}$$

のように，$\widehat{A}$ は $N \times N$ 行列に対応する．ここで，$a_{ij} = \langle\psi_i|\widehat{A}|\psi_j\rangle$ であり，a_{ij} は一般に複素数である．

78　　　　　　　　　第 4 章　基底と演算子

┌─ 例題 18 ─────────────────────────────

　式 (4.47) に与えられているように，複素線形空間中の横ベクトル間の関
係が成り立つことを示せ.

└────────────────────────────────────

【解答例】　$\langle\psi|\widehat{A}|\psi_j\rangle$ を考える. これは，式 (4.46) より，b_j^* に相当することが
わかる. 他方，式 (4.37) を用いて，

$$\langle\psi|\widehat{A}|\psi_j\rangle = \sum_{i=1}^{N}\langle\psi|\psi_i\rangle\langle\psi_i|\widehat{A}|\psi_j\rangle \tag{4.48}$$

と表されることに注意すると，

$$b_j^* = \sum_{i=1}^{N} c_i^* a_{ij} \tag{4.49}$$

が成り立つ.　　　　　　　　　　　　　　　　　　　　　　　　　　□

　式 (4.46) と式 (4.47) を用いると，4.3 節に与えられているケットとブラの関
係に従って $|\chi\rangle$ の複素線形空間での対応物が

$$
\begin{aligned}
|\chi\rangle \quad &\leftrightarrow \quad \boldsymbol{w} = \begin{pmatrix} b_1 \\ b_2 \\ \vdots \\ b_N \end{pmatrix} \\
&= \left\{ \begin{pmatrix} c_1^* & c_2^* & \cdots & c_N^* \end{pmatrix} \begin{pmatrix} a_{11} & a_{12} & \cdots & a_{1N} \\ a_{21} & a_{22} & \cdots & a_{2N} \\ \vdots & \vdots & & \vdots \\ a_{N1} & a_{N2} & \cdots & a_{NN} \end{pmatrix} \right\}^{\dagger} \\
&= \begin{pmatrix} a_{11}^* & a_{21}^* & \cdots & a_{N1}^* \\ a_{12}^* & a_{22}^* & \cdots & a_{N2}^* \\ \vdots & \vdots & & \vdots \\ a_{1N}^* & a_{2N}^* & \cdots & a_{NN}^* \end{pmatrix} \begin{pmatrix} c_1 \\ c_2 \\ \vdots \\ c_N \end{pmatrix}
\end{aligned} \tag{4.50}
$$

のように得られる. ここで，式 (4.50) の最後に記されている行列と縦ベクトル
は，それぞれ演算子 $\widehat{A}^{\dagger}$ と状態ケット $|\psi\rangle$ に対応するため，

4.4 演算子

$$\widehat{A}^\dagger |\psi\rangle \;\leftrightarrow\; \begin{pmatrix} a_{11}^* & a_{21}^* & \cdots & a_{N1}^* \\ a_{12}^* & a_{22}^* & \cdots & a_{N2}^* \\ \vdots & \vdots & & \vdots \\ a_{1N}^* & a_{2N}^* & \cdots & a_{NN}^* \end{pmatrix} \begin{pmatrix} c_1 \\ c_2 \\ \vdots \\ c_N \end{pmatrix} \tag{4.51}$$

という対応が成り立つ. かくして, 式 (4.44) を得る.

式 (4.44) を導出する過程で, 演算子と行列との対応が与えられた. これは, 行列の基本性質が, 演算子によって表されるイタズラの性質を教えてくれることを意味する. たとえば, 行列において交換則が一般に成り立たないことは, 状態にあるイタズラ $\widehat{A}$ をしたのちに別のイタズラ $\widehat{B}$ をした場合の行き先がイタズラの順番を変えた場合と一般に異なることを意味する. 即ち, 一般に**交換子**

$$[\widehat{A}, \widehat{B}] \equiv \widehat{A}\widehat{B} - \widehat{B}\widehat{A} \tag{4.52}$$

がゼロとは異なるのである. 4.7 節以降で, 例外的にゼロとなる場合, ゼロとならない一般の場合でもどの程度ゼロからずれているのかが大きな問題となることを見る.

演算子のエルミート共役についても, 複素線形空間中の行列と同じ重要な性質を有する. とりわけ重要なものとして,

$$(\widehat{A}\widehat{B})^\dagger = \widehat{B}^\dagger \widehat{A}^\dagger, \tag{4.53}$$

より一般には, n 個の演算子 $\widehat{A}_1$, $\widehat{A}_2$,..., $\widehat{A}_n$ に対し,

$$(\widehat{A}_1 \widehat{A}_2 \cdots \widehat{A}_n)^\dagger = \widehat{A}_n^\dagger \widehat{A}_{n-1}^\dagger \cdots \widehat{A}_1 \tag{4.54}$$

が成り立つ. また, 自明な関係として,

$$(\widehat{A}^\dagger)^\dagger = \widehat{A} \tag{4.55}$$

にも注意しておく.

4.5 固有値と固有状態

前節で導入した演算子 $\widehat{A}$ に対して，

$$\widehat{A}|\psi\rangle = a|\psi\rangle \tag{4.56}$$

が成り立つとき，$a, |\psi\rangle$ をそれぞれ $\widehat{A}$ の**固有値**，**固有状態**と呼ぶ．式 (4.56) は**固有値方程式**と呼ばれる．これを解くことは，$\widehat{A}$ に対応する複素成分をもつ行列の固有値，固有ベクトルを求めるという線形代数学の基本問題を解くことと同じである．

一つ例を挙げよう．z 方向に伝播する左右円偏光の状態は，角運動量（z 成分）演算子の固有状態に相当し，その固有値はそれぞれ $-\hbar, \hbar$ となるのである．

イタズラは系の状態を観測するのにしばしば用いられる．たとえば，静止した電子がもつ磁石の向きを測定したり，偏光板を用いて偏光状態を調べたりすることは，対応する演算子がもたらす固有値，固有状態を調べることに相当する．観測して出てくる数値はつねに実数であることと，複素成分をもつ行列を扱うことは矛盾しているように見えるが，固有値が実数であれば，矛盾が解決されるのである．

そこで，二つの重要な定理を挙げておく．

定理 1：$\widehat{A}^\dagger = \widehat{A}$，即ち $\widehat{A}$ が**エルミート演算子**のとき，固有値は実数となる．

定理 2：$\widehat{A}^\dagger = \widehat{A}$，即ち $\widehat{A}$ がエルミート演算子のとき，

$$\widehat{A}|\psi_1\rangle = a_1|\psi_1\rangle, \tag{4.57}$$

$$\widehat{A}|\psi_2\rangle = a_2|\psi_2\rangle \tag{4.58}$$

を満たす固有値 a_1, a_2 が互いに異なっていれば，

$$\langle\psi_2|\psi_1\rangle = 0 \tag{4.59}$$

が成り立つ．

まず，定理 1 の証明を与えるべく，固有値方程式 (4.56) の左に $\langle\psi|$ をつけよう．すると，

4.5 固有値と固有状態 **81**

$$\langle\psi|\widehat{A}|\psi\rangle = a\langle\psi|\psi\rangle \tag{4.60}$$

を得るが，左辺に定理 (4.45) を適用することにより，

$$\langle\psi|\widehat{A}|\psi\rangle = \langle\psi|\widehat{A}^{\dagger}|\psi\rangle^* \tag{4.61}$$

とも書ける．$\widehat{A} = \widehat{A}^{\dagger}$ であるから，式 (4.61) の右辺は，式 (4.60) の左辺の複素共役，したがって，$a^*\langle\psi|\psi\rangle^*$ にほかならない．ノルムの性質 (4.33) を思い出すと，これは $a^*\langle\psi|\psi\rangle$ に等しい．ノルムが正の実数であることに注意しつつ，式 (4.60) と比較すると，

$$a^* = a \tag{4.62}$$

が得られる．かくして，**定理 1** が示された．

定理 1 の意味するところは大変大きい．エルミート演算子に対して実数の固有値が得られたことにより，

> **対応の規則**：物理量（観測量）A $\xleftrightarrow{\text{対応}}$ エルミート演算子 $\widehat{A}$

が成り立つと仮定するのである．

次に，**定理 2** を示そう．固有値方程式 (4.57) の左に $\langle\psi_2|$ をつけよう．すると，

$$\langle\psi_2|\widehat{A}|\psi_1\rangle = a_1\langle\psi_2|\psi_1\rangle \tag{4.63}$$

を得るが，左辺に定理 (4.45) を適用することにより，

$$\langle\psi_2|\widehat{A}|\psi_1\rangle = \langle\psi_1|\widehat{A}^{\dagger}|\psi_2\rangle^* \tag{4.64}$$

とも書ける．$\widehat{A} = \widehat{A}^{\dagger}$ であるから，式 (4.64) の右辺は，式 (4.58) を代入することにより，$\{\langle\psi_1|\cdot(\widehat{A}|\psi_2\rangle)\}^* = \{\langle\psi_1|\cdot(a_2|\psi_2\rangle)\}^* = a_2^*\langle\psi_1|\psi_2\rangle^*$ となり，さらに式 (4.32) を用いると，$a_2^*\langle\psi_2|\psi_1\rangle$ に行きつく．**定理 1** より $a_2^* = a_2$ であるから，式 (4.63) の右辺と比較すると，$a_1 \neq a_2$ より，

$$\langle\psi_2|\psi_1\rangle = 0 \tag{4.65}$$

とならなければならないことがわかる．

定理 2 の意味するところも同様に大きい．エルミート演算子に対して互いに直交する固有状態が得られたことにより，固有状態を基本状態とする基底が構成できるのである．直交性は基底を構成する上での必要条件にすぎないが，

$$\widehat{A}|\psi_i\rangle = a_i|\psi_i\rangle \tag{4.66}$$

において，N 状態系であれば，N 個の固有値・固有状態の存在が保証される[8]．この性質を理解するには，$N \times N$ エルミート行列に対する線形代数学の定理により，N 個の互いに直交する固有ベクトルの存在が保証されていることに着目すればよい．こうして，$\langle\psi_i|\psi_i\rangle = 1$ となるように固有状態をとっておきさえすれば，$\{|\psi_i\rangle\}$ は，無数にある基底のうち，とりわけ役に立つ基底となりうるのである．

4.6 測定過程の量子論

前節で観測量とエルミート演算子との関連を見た．ここでは，いささかの不明瞭さは覚悟の上で，従来からある**測定過程**の量子力学的記述を与えよう．これは，日進月歩の研究分野であり，近い将来，書き換えられる可能性があることを注意しておく．

真偽のほどは定かではないが，以下の仮説に従えば，量子力学的現象を説明できる．

仮説 1：状態 $|\psi\rangle$ が演算子 $\widehat{A}$ の固有状態（固有値 a）のとき，物理量 A を観測すると，100% の確率で**観測値** a を得る（図 4.6）．

図 4.6 物理量 A の固有状態の観測

仮説 2：任意の状態 $|\psi\rangle$ は，物理量 A の固有状態 $|a_i\rangle$ で展開できる．つまり，$\{|a_i\rangle\}$ は基底を構成する[9]．$\langle\psi|\psi\rangle = 1$ とすると，

$$|\psi\rangle = \sum_i c_i|a_i\rangle \tag{4.67}$$

---

[8] 固有値については，同じ値をもつ（縮退する）場合があるため，数え方に注意を要する．

[9] 4.1 節の内容と同等であるが，ここでは，確率の和が 1 となるようにとる．また，次元 N は省略する．

4.6 測定過程の量子論

と書ける．ここで，$\widehat{A}|a_i\rangle = a_i|a_i\rangle$, $c_i = \langle a_i|\psi\rangle$ である．

例題 19

式 (4.67) で表される状態に対して物理量 A を観測する場合（図 4.7）は，1.3 節で述べた電子の 2 重スリット実験においては，それぞれの電子がどちらのスリットを通ったかを特定できる場合に相当する．ここでせいぜいわかるのは，もとの状態が固有状態 $|a_i\rangle$ に見出される確率 $|c_i|^2$ であるが，$\langle \psi|\psi\rangle = 1$ のとき，

$$\sum_i |c_i|^2 = 1 \tag{4.68}$$

が成り立つことを示せ．

図 4.7　物理量 A の観測結果

【解答例】 式 (4.11) より，

$$1 = \langle \psi|\psi\rangle = \sum_i \langle \psi|a_i\rangle\langle a_i|\psi\rangle = \sum_i |\langle a_i|\psi\rangle|^2 = \sum_i |c_i|^2 \tag{4.69}$$

が成り立つ． □

仮説 3：状態 $|\psi\rangle$ に対する物理量 A の**期待値**は，$\langle \psi|\psi\rangle = 1$ のとき，

$$\langle \widehat{A} \rangle \equiv \langle \psi|\widehat{A}|\psi\rangle \tag{4.70}$$

で与えられる．

ここで，**仮説 3** の意味するところを考えよう．まず，重ね合わせの原理 (4.37) より，

$$\langle \psi|\widehat{A}|\psi\rangle = \sum_i \sum_j \langle \psi|a_i\rangle\langle a_i|\widehat{A}|a_j\rangle\langle a_j|\psi\rangle$$

$$= \sum_i a_i |\langle a_i|\psi\rangle|^2$$
$$= \sum_i a_i |c_i|^2 \tag{4.71}$$

が成り立つことに着目しよう．ここで，1 行目から 2 行目の変形において，固有値方程式から容易に導ける関係

$$\langle a_i|\widehat{A}|a_j\rangle = a_i \delta_{ij} \tag{4.72}$$

を用いた．式 (4.71) の 3 行目において，a_i を単発の測定値，$|c_i|^2$ をその測定値が得られる確率と考えると，$\sum_i a_i |c_i|^2$ はまさに平均測定値に対応するのである．a_i がとびとびの値しかとらないのに対し，$|c_i|^2$ は状態の変化に応じて連続的に変化するため，$\langle \widehat{A} \rangle$ は連続的となる．これは，プランクの仮説をはじめとする量子性が実際には見えにくいことを説明する．なお，a_i に最小値や最大値が存在する場合は，$\langle \widehat{A} \rangle$ の値にも同一の最小値や最大値が存在し，その範囲に限定された実数値しかとりえない．

仮説 4：状態 $|\psi\rangle$ に対する物理量 A を観測して固有値 a が得られたとき，<u>観測後，系の状態は固有値 a の固有状態 $|a\rangle$ にとびうつる．</u>

図 4.8 物理量 A の選択的測定

図 4.8 に示した測定は，**選択的測定**と呼ばれる．このようなとびうつりが起こる確率は，$|\langle a|\psi\rangle|^2$ となる．なお，1.3 節で述べた電子の 2 重スリット実験においては，片方のスリットを閉じた場合に相当する．

ここで，4.2 節でも取り上げた z 方向に伝播する光の電場の状態に対し，選択的測定の具体例を挙げよう．

- $|\psi\rangle$：x 方向の直線偏光（$|x\rangle$）
- A：z 方向の角運動量
- 遮断：左円偏光を阻止
- $|a\rangle$：右円偏光（$|R\rangle$）

4.7 両立する観測量 **85**

この例では，x 方向の直線偏光が，左右円偏光の重ね合わせで表現されることを思い出そう．実際，

$$|x\rangle = \frac{1}{\sqrt{2}}(|\mathrm{R}\rangle + |\mathrm{L}\rangle) \tag{4.73}$$

となる．

── 例題 20 ──

 式 (4.73) を示せ．

【解答例】 式 (4.20), (4.22) を足して $\sqrt{2}$ で割ればよい． □

 かくして，重ね合わせ状態がそのうちの一つの状態にとびうつるように見える．ここでは，量子力学の「解釈」の問題にまで深く立ち入ることはしないが，位相の情報が観測により失われるのか，失われることなくどこかに保管されているのかなど，非自明な問題が多い．

4.7 両立する観測量

 二つの異なる物理量 A, B について，それらが固有状態を共有することがある．そのための条件は，対応するエルミート演算子 $\widehat{A}, \widehat{B}$ が，

$$[\widehat{A}, \widehat{B}] \equiv \widehat{A}\widehat{B} - \widehat{B}\widehat{A} = 0 \tag{4.74}$$

を満足することである．このとき，観測量 A, B は「**両立できる**」という．両立という用語は必ずしもわかりやすいものではないが，あとで前節で論じたような観測過程を具体的に考えることにより，その意味がはっきりする．

 まず，

定理：A, B が両立できる観測量であるとき，$\widehat{A}, \widehat{B}$ は同時固有状態をもつ．

の証明からはじめよう．

(i) <u>$\widehat{A}$ の固有値が縮退していないとき：</u>

$\widehat{A}|a\rangle = a|a\rangle$ に対して，左から $\widehat{B}$ を作用させると，

$$\widehat{B}\widehat{A}|a\rangle = a\widehat{B}|a\rangle \tag{4.75}$$

を得る．さらに式 (4.75) において，両立の条件 (4.74) を適用すると，

$$\widehat{A}(\widehat{B}|a\rangle) = a(\widehat{B}|a\rangle) \tag{4.76}$$

と書ける．$\widehat{A}$ の固有値が縮退していないため，式 (4.76) は，$\widehat{B}|a\rangle$ が $\widehat{A}$ の固有値 a の固有状態であることを意味する．即ち，

$$\widehat{B}|a\rangle \propto |a\rangle \tag{4.77}$$

となるため，$|a\rangle$ は，$\widehat{A}$ のみならず，$\widehat{B}$ の固有状態でもある．

(ii) <u>$\widehat{A}$ の固有値 a に縮退があるとき：</u>

固有値 a が n 重に縮退しているとすると，$i = 1, 2, \ldots, n$ に対して，

$$\widehat{A}|a^{(i)}\rangle = a|a^{(i)}\rangle \tag{4.78}$$

が成立する．ここで，4.5 節の最後に論じたように，

$$\langle a^{(i)}|a^{(j)}\rangle = \delta_{ij} \tag{4.79}$$

とおけることに注意しよう．ここで，(i) の場合と同様，左から $\widehat{B}$ を作用させると，

$$\widehat{B}\widehat{A}|a^{(i)}\rangle = a\widehat{B}|a^{(i)}\rangle \tag{4.80}$$

を得る．さらに式 (4.80) において，両立の条件 (4.74) を適用すると，

$$\widehat{A}(\widehat{B}|a^{(i)}\rangle) = a(\widehat{B}|a^{(i)}\rangle) \tag{4.81}$$

と書ける．

ここからの展開は，(i) と異なる．図 4.9 にあるように，式 (4.81) は，$\widehat{B}|a^{(i)}\rangle$ が $\widehat{A}$ の固有値 a の固有状態 $|a^{(j)}\rangle$ の重ね合わせとして書けることを意味する．即ち，

$$\widehat{B}|a^{(i)}\rangle = \sum_{j=1}^{n} c_{ij}|a^{(j)}\rangle \tag{4.82}$$

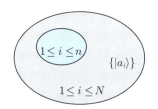

図 4.9 物理量 A の縮退した固有状態が構成する部分空間

と書けるのである。ここで、左から $\langle a^{(j)}|$ をかけると、規格直交性 (4.79) より、

$$\langle a^{(j)}|\widehat{B}|a^{(i)}\rangle = c_{ij} \tag{4.83}$$

が成立する。式 (4.83) の複素共役をとると、定理 (4.45) と $\widehat{B}^\dagger = \widehat{B}$ から得られる $\langle a^{(j)}|\widehat{B}|a^{(i)}\rangle^* = \langle a^{(i)}|\widehat{B}|a^{(j)}\rangle$ という関係に注意して、

$$c_{ij}^* = c_{ji} \tag{4.84}$$

を得る。したがって、$n \times n$ 行列

$$C \equiv \begin{pmatrix} c_{11} & c_{12} & \cdots & c_{1n} \\ c_{21} & c_{22} & \cdots & c_{2n} \\ \vdots & \vdots & & \vdots \\ c_{n1} & c_{n2} & \cdots & c_{nn} \end{pmatrix} \tag{4.85}$$

はエルミート行列となる。すると、線形代数学の定理によれば、ある $n \times n$ ユニタリ行列

$$U \equiv \begin{pmatrix} u_{11} & u_{12} & \cdots & u_{1n} \\ u_{21} & u_{22} & \cdots & u_{2n} \\ \vdots & \vdots & & \vdots \\ u_{n1} & u_{n2} & \cdots & u_{nn} \end{pmatrix} \tag{4.86}$$

により、C は

$$UCU^{-1} = D \tag{4.87}$$

と対角化される。ここで、

$$D \equiv \begin{pmatrix} d_1 & 0 & \cdots & 0 \\ 0 & d_2 & \cdots & 0 \\ \vdots & \vdots & & \vdots \\ 0 & 0 & \cdots & d_n \end{pmatrix} \tag{4.88}$$

は実数成分をもつ対角行列である。

すると、式 (4.82) は

$$\widehat{B}|a^{(i)}\rangle = \sum_{j=1}^{n} (U^{-1}DU)_{ij}|a^{(j)}\rangle \tag{4.89}$$

となる．さらに，式 (4.89) に u_{ki} をかけてから i について和をとると，

$$\widehat{B}\left(\sum_{i=1}^{n} u_{ki}|a^{(i)}\rangle\right) = \sum_{j=1}^{n}(UU^{-1}DU)_{kj}|a^{(j)}\rangle \tag{4.90}$$

が得られるが，式 (4.90) は，$UU^{-1} = 1$ かつ D が式 (4.88) のように対角行列となることから，

$$\widehat{B}\left(\sum_{i=1}^{n} u_{ki}|a^{(i)}\rangle\right) = d_k\left(\sum_{j=1}^{n} u_{kj}|a^{(j)}\rangle\right) \tag{4.91}$$

となる．したがって，$\sum_{i=1}^{n} u_{ki}|a^{(i)}\rangle$ は $\widehat{B}$ の固有値 d_k の固有状態となる．また，式 (4.78) より，

$$\widehat{A}\left(\sum_{i=1}^{n} u_{ki}|a^{(i)}\rangle\right) = a\left(\sum_{i=1}^{n} u_{ki}|a^{(i)}\rangle\right) \tag{4.92}$$

が成り立つため，$\sum_{i=1}^{n} u_{ki}|a^{(i)}\rangle$ は $\widehat{A}$ の固有状態でもある．

このように，両立する観測量 A, B は同時固有状態をもつことがわかった．ここで，両立の意味をよりよく把握できるよう，図 4.10 のような観測過程を考える．

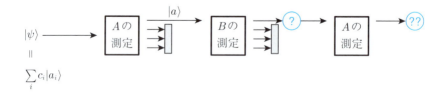

図 4.10　物理量 A, B を交互に観測する過程の例

これは，仮説 4 で記述した A の選択的測定（図 4.8）に引き続き B の選択的測定を行い，その後 A の期待値を測定した場合に相当する．簡単のため，$\widehat{A}$ の固有値に縮退がない場合に限定しよう．最初の選択的測定により状態 $|\psi\rangle$ が $\widehat{A}$ の固有値 a の固有状態 $|a\rangle$ にとびうつった後，（無でない）何らかの状態が現れるように B の選択的測定を行ってできた状態に対して A の期待値を測定

4.7 両立する観測量

した結果が，B の選択的測定を経ずに得られた結果と同じになるかは，A, B が両立するか否かによるのである．

(i) $[\widehat{A}, \widehat{B}] = 0$ のとき：

$|a\rangle$ は $\widehat{B}$ の固有状態でもあるため，**仮説 1** によれば，B の選択的測定を該当する固有状態に対して行う限り，測定前後で状態に変化はない．したがって，その後引き続いて A の期待値を測定した場合，その値は a のままである．即ち，もともとの A の選択的測定の結果が B の選択的測定により失われないという意味で「両立する」のである．

(ii) $[\widehat{A}, \widehat{B}] \neq 0$ のとき：

一般に $|a\rangle$ は $\widehat{B}$ の固有状態ではないため，**仮説 2** によれば，いろいろな $\widehat{B}$ の固有状態を重ね合わせた状態のように表すことができる．したがって，B の選択的測定を適切に行えば，$\langle b|a\rangle = 0$ でない限り，固有状態 $|b\rangle$ を抽出することができる．$|b\rangle$ は一般に $\widehat{A}$ の固有値 a の固有状態 $|a\rangle$ とはならないため（例題 21），その後引き続いて A の期待値を測定した場合，a とは異なる結果が得られる．即ち，もともとの A の選択的測定の結果が B の選択的測定により失われるという意味で「両立しない」のである．

例題 21

$[\widehat{A}, \widehat{B}] \neq 0$ のとき，一般に $\widehat{B}$ の固有状態が $\widehat{A}$ の固有状態とはならないことを示せ．例外についても論ぜよ．

【解答例】 $\widehat{B}\widehat{A}|a\rangle = a\widehat{B}|a\rangle \neq \widehat{A}\widehat{B}|a\rangle$ より，一般に，$\widehat{B}|a\rangle$ は $\widehat{A}$ の固有状態ではない．ただし，例外もありうる．たとえば，$a = 0$ かつ $\widehat{B}|a\rangle = 0$ の場合が例外に相当する． □

ここで，4.2 節でも取り上げた z 方向に伝播する光の電場の状態に対し，図 4.10 の具体例を挙げよう．

- $|\psi\rangle$：左右円偏光状態の重ね合わせ
- A：z 方向の角運動量
- A の選択的測定：右円偏光（$|R\rangle$）のみ選択
- B：xy 面内の電場ベクトル

90   第 4 章　基底と演算子

- B の選択的測定：x 方向の直線偏光（$|x\rangle$）のみ選択
- 最後に得られる A の期待値：0

例題 22

A の期待値が 0 となることを示せ.

【解答例】　状態 (4.73) に対して期待値 (4.70) を計算すると，$\widehat{A}|\mathrm{R}\rangle = \hbar|\mathrm{R}\rangle$，$\widehat{A}|\mathrm{L}\rangle = -\hbar|\mathrm{L}\rangle$ を思い出すことにより，$\langle x|\widehat{A}|x\rangle = \frac{\hbar}{2} - \frac{\hbar}{2} = 0$ を得る.　　□

　この例では，B の選択的測定を経ずに測定される A の期待値が $\hbar$ となるため，両立しない場合の典型例に相当する.

　A, B が両立する場合，それぞれが固有値 a_i, b_i の固有状態 $|a_i\rangle$, $|b_i\rangle$ を共有しあうとすると，この状態を一括りに $|a_i, b_i\rangle$ と表すと便利である. この状態は，

$$\widehat{A}|a_i, b_i\rangle = a_i|a_i, b_i\rangle, \tag{4.93}$$

$$\widehat{B}|a_i, b_i\rangle = b_i|a_i, b_i\rangle \tag{4.94}$$

を満たす. $\widehat{A}$, $\widehat{B}$ の固有状態で構成する基底としては，$\{|a_i, b_i\rangle\}$ を一つ構えればよい.

　一方，A, B が両立しない場合は，$\{|a_i\rangle\}$, $\{|b_i\rangle\}$ が別個の基底を与えることになる. すると，次節で述べるように，これらの基底間の関係を与えることが重要となる.

4.8　基底の変換

　4.2 節で挙げた z 方向に進行する光の例からはじめよう. すでに，$\{|\mathrm{R}\rangle, |\mathrm{L}\rangle\}$ と $\{|x\rangle, |y\rangle\}$ が基底となることを見た. 式 (4.20), (4.22) を行列を用いて以下のように並べ替えてみよう.

$$\begin{pmatrix} |\mathrm{R}\rangle \\ |\mathrm{L}\rangle \end{pmatrix} = \begin{pmatrix} \frac{1}{\sqrt{2}} & \frac{i}{\sqrt{2}} \\ \frac{1}{\sqrt{2}} & -\frac{i}{\sqrt{2}} \end{pmatrix} \begin{pmatrix} |x\rangle \\ |y\rangle \end{pmatrix} \tag{4.95}$$

ここに現れる 2 行 2 列の行列はユニタリ行列となる.

4.8 基底の変換 **91**

── 例題 23 ─────────────────────────────

ユニタリ性を示せ.

─────────────────────────────────────

【解答例】 エルミート共役との積が単位行列となることを示せばよい. 実際,

$$
\begin{pmatrix} \frac{1}{\sqrt{2}} & \frac{i}{\sqrt{2}} \\ \frac{1}{\sqrt{2}} & -\frac{i}{\sqrt{2}} \end{pmatrix}^{\dagger} \begin{pmatrix} \frac{1}{\sqrt{2}} & \frac{i}{\sqrt{2}} \\ \frac{1}{\sqrt{2}} & -\frac{i}{\sqrt{2}} \end{pmatrix} = \begin{pmatrix} 1 & 0 \\ 0 & 1 \end{pmatrix} \tag{4.96}
$$

が成立する.　　□

より一般的に, 両立しない観測量 A, B の固有状態からなる二つの基底 $\{|a_i\rangle\}$, $\{|b_i\rangle\}$ に対して,

$$
|b_i\rangle = \widehat{U}|a_i\rangle \tag{4.97}
$$

とするユニタリ演算子が存在する. **ユニタリ演算子**とは, ユニタリ性, 即ち $\widehat{U}^{\dagger}\widehat{U} = \widehat{U}\widehat{U}^{\dagger} = 1$ を満たす演算子のことである. ここで一つの可能性として,

$$
\widehat{U} = \sum_j |b_j\rangle\langle a_j| \tag{4.98}
$$

とおいてみよう. この $\widehat{U}$ を観測量 A の一つの固有状態 $|a_i\rangle$ に作用させると,

$$
\widehat{U}|a_i\rangle = \sum_j |b_j\rangle\langle a_j|a_i\rangle \tag{4.99}
$$

となるが, 規格直交性 $\langle a_j|a_i\rangle = \delta_{ij}$ より, 条件 (4.97) を満足する. あとは, 式 (4.98) で与えられる $\widehat{U}$ がユニタリ演算子であることの確認であるが,

$$
\begin{aligned}
\widehat{U}^{\dagger}\widehat{U} &= \left(\sum_j |a_j\rangle\langle b_j|\right)\left(\sum_k |b_k\rangle\langle a_k|\right) \\
&= \sum_j \sum_k |a_j\rangle\langle b_j|b_k\rangle\langle a_k| \\
&= \sum_j |a_j\rangle\langle a_j| \\
&= 1
\end{aligned} \tag{4.100}
$$

よりユニタリ性をもつことが示される. ここで,

92　　　　　　　　　　　第 4 章　基底と演算子

$$\widehat{U}^{\dagger} = \sum_{j} |a_j\rangle\langle b_j|, \tag{4.101}$$

$\langle b_j|b_k\rangle = \delta_{jk}$ を用いるとともに，基底 $\{|a_i\rangle\}$ に対して重ね合わせの原理 (4.37) を適用した．

― 例題 24 ―――――――――――――――――――――――――――――――

式 (4.101) を示せ．

【解答例】　4.4 節において，関係 (4.41) を満たす演算子に対して，そのエルミート共役が関係 (4.44) を満たすことを見た．すると，式 (4.44) と式 (4.97) を対応させることにより，

$$\langle b_i| = \langle a_i|\widehat{U}^{\dagger} \tag{4.102}$$

が成立する．これに，左からケット $|a_i\rangle$ を作用させ，i に関して和をとると，式 (4.101) が得られる．ここで，基底 $\{|a_i\rangle\}$ に対して，重ね合わせの原理 (4.37) を適用した．　　　　　　　　　　　　　　　　　　　　　　　　　　□

　ここで，ディラックの記号を用いて記述した基底の変換を，複素線形空間上で記述しなおそう．4.3 節において，状態ケット $|\psi\rangle$ を状態ベクトルとして表現できることを見た．ここで，基底 $\{|a_i\rangle\}$ に対する状態ベクトル

$$\boldsymbol{v} = \begin{pmatrix} c_1 \\ c_2 \\ \vdots \\ c_N \end{pmatrix}, \quad c_i = \langle a_i|\psi\rangle, \tag{4.103}$$

および基底 $\{|b_i\rangle\}$ に対する状態ベクトル

$$\boldsymbol{w} = \begin{pmatrix} d_1 \\ d_2 \\ \vdots \\ d_N \end{pmatrix}, \quad d_i = \langle b_i|\psi\rangle \tag{4.104}$$

の間の関係を調べよう．そのために，$\boldsymbol{v} = U\boldsymbol{w}$ を満たす $N \times N$ 行列 U を書き出そう．具体的には，

$$
\begin{pmatrix} c_1 \\ c_2 \\ \vdots \\ c_N \end{pmatrix} = \begin{pmatrix} u_{11} & u_{12} & \cdots & u_{1N} \\ u_{21} & u_{22} & \cdots & u_{2N} \\ \vdots & \vdots & & \vdots \\ u_{N1} & u_{N2} & \cdots & u_{NN} \end{pmatrix} \begin{pmatrix} d_1 \\ d_2 \\ \vdots \\ d_N \end{pmatrix} \tag{4.105}
$$

において,

$$
u_{ij} = \langle a_i | b_j \rangle \tag{4.106}
$$

のように書けるのである.

例題 25

式 (4.106) が式 (4.105) を満たすことを示せ.

【解答例】 基底 $\{|b_i\rangle\}$ に対して重ね合わせの原理 (4.37) を適用することにより,

$$
\langle a_i | \psi \rangle = \sum_j \langle a_i | b_j \rangle \langle b_j | \psi \rangle \tag{4.107}
$$

が成立する. これは, 式 (4.105) において, ちょうど u_{ij} が式 (4.106) で与えられる状況に対応する. □

さらに, 式 (4.97) を満足するユニタリ演算子 $\widehat{U}$ を用いて

$$
u_{ij} = \langle a_i | \widehat{U} | a_j \rangle \tag{4.108}
$$

と書くことができるため, 行列 U の正体は, 基底を $\{|a_i\rangle\}$ にとった場合のユニタリ演算子 $\widehat{U}$ の行列表現にほかならない. したがって行列 U はユニタリ行列である.

例題 26

式 (4.108) より行列 U がユニタリ行列であることを示せ.

【解答例】 $UU^\dagger$ が単位行列, 即ち, $\sum_j u_{ij} u_{kj}^* = \delta_{ik}$ を示せばよい. 実際,

$$
\sum_j u_{ij} u_{kj}^* = \sum_j \langle a_i | \widehat{U} | a_j \rangle \langle a_k | \widehat{U} | a_j \rangle^* = \sum_j \langle a_i | \widehat{U} | a_j \rangle \langle a_j | \widehat{U}^\dagger | a_k \rangle
$$

$$
= \langle a_i | \widehat{U} \widehat{U}^\dagger | a_k \rangle = \langle a_i | a_k \rangle = \delta_{ik} \tag{4.109}
$$

94   第 4 章 基底と演算子

となることがわかる. ここで, $\langle a_k | \widehat{U} | a_j \rangle$ に対して公式 (4.45) を, 基底 $\{|a_i\rangle\}$ に対して重ね合わせの原理 (4.37) を適用するとともに, $\widehat{U}$ のユニタリ性 (4.100) を用いた. □

<h2 align="center">演 習 問 題</h2>

演習 4.1 以下のようなエルミート演算子 $\widehat{H}$ の固有値問題を解け:

$$\widehat{H} = i|1\rangle\langle 2| - i|2\rangle\langle 1|. \tag{4.110}$$

ただし, 状態 $|i\rangle$ $(i = 1, 2)$ は規格直交完全系を成す:

$$\langle i|j\rangle = \delta_{ij}, \quad \sum_{i=1,2} |i\rangle\langle i| = 1. \tag{4.111}$$

演習 4.2 1 次元調和振動子のエネルギー固有関数 (2.87) の規格直交完全性を証明せよ. ここで完全性とは, エネルギー固有関数の重ね合わせによりあらゆる波動関数を表現できることである.

演習 4.3 二つのエルミート演算子 $\widehat{A}$ と $\widehat{B}$ が交換関係

$$[\widehat{A}, \widehat{B}] = i\widehat{C} \tag{4.112}$$

を満たすとき, 演算子 $\widehat{A}$ と $\widehat{B}$ の揺らぎに対する不確定性関係

$$\Delta A \Delta B \geq \frac{1}{2}|\langle \widehat{C} \rangle| \tag{4.113}$$

が成立することを示せ. ただし, エルミート演算子の交換子は反エルミート演算子 (エルミート共役と自身の和がゼロ) であるから, $\widehat{C}$ はエルミート演算子である. また,

$$\Delta A \equiv \sqrt{\langle \widehat{A^2} \rangle - \langle \widehat{A} \rangle^2} \tag{4.114}$$

である.

第5章
位置と運動量

　ここで，最も重要な観測量である位置と運動量を記述しよう．まずことわっておくと，ある粒子（たとえば電子）の位置と運動量を表すには一組の演算子を用意すればよいが，多粒子系であれば，それぞれの粒子に対して一組ずつ演算子を用意することになる[1]．簡単のため，ここでは一つの粒子からなる系を考え，その状態を，**位置演算子**の固有状態からなる基底，**運動量演算子**の固有状態からなる基底の上で表現する．

5.1 連続的な値をとる観測量

　すでに 1.4 節において，2 重スリット実験を例にとり，不確定性原理の立場から電子の位置と運動量に言及した．ここでは，演算子を用いたより一般的な立場から，両立しない観測量として，位置と運動量の記述を試みる．まず，観測量に対応するエルミート演算子の固有値がとびとびの実数値をもつことを前提にした前章における議論を拡張し，固有値自身が**連続的**な実数値をとる場合を考えよう．

　4.6 節の内容において，変更すべき点を指摘すれば十分であろう．まず，エルミート演算子 $\widehat{A}$ の固有値方程式は，

$$\widehat{A}|a\rangle = a|a\rangle \tag{5.1}$$

と書ける．ここで，a は連続する実数値をとるものとし，基底は $\{|a\rangle\}$ により構成する．次に，規格直交性は，

$$\langle a'|a\rangle = \delta(a - a') \tag{5.2}$$

---

[1] 別々の粒子に付随する演算子は互いに両立できるとする．ただし，電子には同種粒子性と呼ばれる性質があり，その状態の記述には注意が必要である．本書においては同種粒子性には言及しない．

と書ける．ここで，$\delta(a-a')$ は後述する**ディラックのデルタ関数**である．最後に，重ね合わせの原理を与える恒等演算子のブラケット表現であるが，

$$\int_{-\infty}^{\infty} da \, |a\rangle\langle a| = 1 \tag{5.3}$$

のように積分を用いて書くことができる．固有値分布が離散的な場合と連続的な場合の違いを表 5.1 にまとめておく．

表 5.1　固有値分布が離散的な場合と連続的な場合の対応

固有値分布	離散的	連続的
固有値方程式	$\widehat{A}|a_i\rangle = a_i|a_i\rangle$	$\widehat{A}|a\rangle = a|a\rangle$
規格直交性	$\langle a_i|a_j\rangle = \delta_{ij}$	$\langle a'|a\rangle = \delta(a-a')$
恒等演算子	$\sum_{i=1}^{N} |a_i\rangle\langle a_i| = 1$	$\int_{-\infty}^{\infty} da \, |a\rangle\langle a| = 1$

ディラックのデルタ関数に関して，最低限の情報を与えておこう．数学的に厳密な記述には超関数の知識が必要となるが，ここではそれには及ばない．質のよい関数 $f(a)$ に対して，

$$\int_{-\infty}^{\infty} da \, f(a)\delta(a-a') = f(a') \tag{5.4}$$

が成り立つように $\delta(a-a')$ を定めることができる．具体的には，式 (5.4) において $f(a)=1$ とおいた場合に成り立つように，デルタ関数の広義積分値は 1 となる．また，式 (5.4) の性質から明らかなように，$a \neq a'$ のときは厳密にゼロとならなければならない．すると，デルタ関数のグラフを無理に描こうとすれば，図 5.1 のような描き方をする以外になかろう．

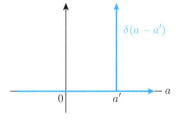

図 5.1　デルタ関数の概形

5.1 連続的な値をとる観測量

デルタ関数の具体的な表式を与えるには，面積1のある幅をもった分布において，面積を変えずに幅をゼロとする極限をとればよい．いろいろな表現がありうるが，ここでは，後で役に立つ以下の表式を与えておく．

$$\delta(a) = \frac{1}{2\pi} \int_{-\infty}^{\infty} dk\, e^{ika}. \tag{5.5}$$

この表式においては，$a \neq 0$ のとき，周期関数の位相が $k \to \infty$ で大きく変化する結果正負がキャンセルしあい，積分値がゼロとなる．

ここで，上述した固有値分布が連続的な場合の処方を，位置演算子に適用しよう．簡単のため，粒子がある無限に長い直線上のどこかにいるものとする．その位置を x という実数で表すと，これを観測量とみなすのは自然であり，対応するエルミート演算子を $\hat{x}$ と表す．すると，式 (5.1) より，対応する固有値方程式は，

$$\hat{x}|x\rangle = x|x\rangle \tag{5.6}$$

と書ける．ここで，$|x\rangle$ は粒子が x にいることを表す固有状態であり，固有値 x は $-\infty < x < \infty$ の範囲をとりうる．固有状態 $|x\rangle$ を規格直交性

$$\langle x'|x\rangle = \delta(x - x') \tag{5.7}$$

を満たすようにとれば，$\{|x\rangle\}$ は基底（**位置基底**と呼ぶ）を構成する．位置基底をとった場合，恒等演算子は

$$\int_{-\infty}^{\infty} dx\, |x\rangle\langle x| = 1 \tag{5.8}$$

と書ける．

粒子の状態を $|\psi\rangle$ と表すと，式 (5.8) を用いて，

$$|\psi\rangle = \int_{-\infty}^{\infty} dx\, |x\rangle\langle x|\psi\rangle \tag{5.9}$$

のように基本状態 $|x\rangle$ の重ね合わせで表すことができる．ここで，$\langle x|\psi\rangle$ は，粒子が $|x\rangle$ に見出される確率振幅である．

測定過程の観点から，位置基底を考えよう．1.4節においては，2重スリット実験を例にとり，スリット近傍における電子の位置の不確定性について議論したが，ここでの x は，検出器の位置に相当するものである．スリットはあくま

で $|\psi\rangle$ を左右するものと考えればよい．この点を明確にするため，図 5.2 のように，スリットや電子銃（粒子源）の一切を省き，状態 $|\psi\rangle$ にある粒子が x の位置にある検出器に達する過程のみに着目する．

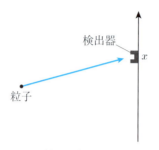

図 5.2　位置の観測と波動関数

検出器としては，粒子が dx の幅をもつせまい領域 $\left(x - \frac{dx}{2}, x + \frac{dx}{2}\right)$ に達したときのみカチッとなるカウンターを考える．dx は粒子の大きさより大きければよい．いろいろな場所でカチッとなる可能性があるが，カチッとなったとたん，式 (5.9) の状態が，

$$|\psi\rangle \;\rightarrow\; \int_{x-\frac{dx}{2}}^{x+\frac{dx}{2}} dx'\, |x'\rangle\langle x'|\psi\rangle \tag{5.10}$$

のようにとびうつる．これは，4.6 節で論じた固有値分布が離散的と仮定した場合の選択的測定を固有値分布が連続的な場合に拡張したものに相当する．すると，検出器がカチッとなる確率は，$|\langle x|\psi\rangle|^2\, dx$ となる．

例題 27

$\langle\psi|\psi\rangle = 1$ と規格化されているとき，

$$\int_{-\infty}^{\infty} dx\, |\langle x|\psi\rangle|^2 = 1 \tag{5.11}$$

を示せ．

【解答例】 式 (5.8) において，右から状態ケット $|\psi\rangle$，左から状態ブラ $\langle\psi|$ を作用させることにより，

$$\int_{-\infty}^{\infty} dx \, \langle\psi|x\rangle\langle x|\psi\rangle = \int_{-\infty}^{\infty} dx \, |\langle x|\psi\rangle|^2 = \langle\psi|\psi\rangle = 1 \tag{5.12}$$

を得る. $\square$

　ここで現れる確率振幅 $\langle x|\psi\rangle$ は，とりわけ応用範囲が広いものである．通常は，$\psi(x) \equiv \langle x|\psi\rangle$ と書く．これは第 2 章で論じた**波動関数**と同じものである．波動関数はあくまでも確率振幅の特殊な場合に相当する．

　以上では粒子が直線上に存在する場合に限定したが，応用上，3 次元空間内に存在する場合に拡張することは重要である．粒子の位置を表すのに，直交座標 (x, y, z) を用いよう．対応するエルミート演算子を，それぞれ $\widehat{x}, \widehat{y}, \widehat{z}$ で表すと，それぞれの固有値方程式は，式 (5.6) と，

$$\widehat{y}|y\rangle = y|y\rangle, \tag{5.13}$$

$$\widehat{z}|z\rangle = z|z\rangle \tag{5.14}$$

で与えられる．固有状態 $|y\rangle, |z\rangle$ に対して，規格直交性を式 (5.7) と同様にとると，$\{|y\rangle\}, \{|z\rangle\}$ はそれぞれ基底を構成する．

　ここで，$\widehat{x}, \widehat{y}, \widehat{z}$ は互いに両立できる，即ち，

$$[\widehat{x}, \widehat{y}] = [\widehat{y}, \widehat{z}] = [\widehat{z}, \widehat{x}] = 0 \tag{5.15}$$

が成り立つものとしよう．この要請は，粒子の状態 $|\psi\rangle$ に演算子 $\widehat{x}$ を作用させてできる状態に演算子 $\widehat{y}$ を作用させてできた状態 $\widehat{y}\widehat{x}|\psi\rangle$ は，作用させる順番を換えてできる状態 $\widehat{x}\widehat{y}|\psi\rangle$ と同じ，したがって，x 座標と y 座標を測定する順番を入れ替えても結果に全く変化はないという，実に自然なものである．すると，4.7 節において論じたように，$\widehat{x}, \widehat{y}, \widehat{z}$ は同時固有状態 $|\boldsymbol{x}\rangle \equiv |x, y, z\rangle$ をもつ．よって，位置基底としては，3 次元の場合，$\{|\boldsymbol{x}\rangle\}$ をとればよい．ここで，規格直交性は

$$\langle x', y', z'|x, y, z\rangle = \delta(x - x')\delta(y - y')\delta(z - z') \tag{5.16}$$

で与えられる．これを略して，

$$\langle\boldsymbol{x}'|\boldsymbol{x}\rangle = \delta(\boldsymbol{x} - \boldsymbol{x}') \tag{5.17}$$

と書くと便利である．また，恒等演算子は

$$\int d^3x \, |\boldsymbol{x}\rangle\langle\boldsymbol{x}| = 1 \tag{5.18}$$

100　　　　　　　第5章　位置と運動量

と書ける．ここで，$\int d^3x \equiv \int_{-\infty}^{\infty} dx \int_{-\infty}^{\infty} dy \int_{-\infty}^{\infty} dz$ である．

　次に，運動量演算子，**運動量基底**を与えよう．まず，1次元の場合，即ち粒子がある無限に長い直線上にいるとしよう．粒子の運動量が決まっていれば，対応するド・ブロイ波長をもつ波のようにふるまうのである．すると位置については何の手がかりもないことになる．ここではまさにそのような状況を考える．粒子の位置についておおまかな見当がついている場合は，不確定性原理より，粒子の運動量は完全には決まらない．すると，ド・ブロイ波長はある範囲でいろいろな値をもつことになるため，粒子は波束のようにふるまうことになる．波束の運動については 2.5 節で論じた通りであるが，第6章で改めて分析する．

　あとの作業は，位置演算子，位置基底の場合と全くパラレルである．粒子の運動量を p という実数で表すと，これを観測量とみなすのは自然であり，対応するエルミート演算子を $\widehat{p}$ と表す．すると，式 (5.6) を参考に，対応する固有値方程式は，

$$\widehat{p}|p\rangle = p|p\rangle \tag{5.19}$$

と書ける．ここで，$|p\rangle$ は粒子が運動量 p をもつことを表す固有状態であり，固有値 p は $-\infty < p < \infty$ の範囲をとりうる．固有状態 $|p\rangle$ を規格直交性

$$\langle p'|p\rangle = \delta(p - p') \tag{5.20}$$

を満たすようにとれば，$\{|p\rangle\}$ は基底（運動量基底と呼ぶ）を構成する．運動量基底をとった場合，恒等演算子は

$$\int_{-\infty}^{\infty} dp\,|p\rangle\langle p| = 1 \tag{5.21}$$

と書ける．

　粒子の状態を $|\psi\rangle$ と表すと，式 (5.21) を用いて，

$$|\psi\rangle = \int_{-\infty}^{\infty} dp\,|p\rangle\langle p|\psi\rangle \tag{5.22}$$

のように基本状態 $|p\rangle$ の重ね合わせで表すことができる．ここで，$\langle p|\psi\rangle$ は，粒子が $|p\rangle$ に見出される確率振幅である．この確率振幅は，しばしば $\psi(p) \equiv \langle p|\psi\rangle$ と書き，**運動量表示での波動関数**と呼ばれる．

　粒子が3次元空間内に存在する場合は，粒子の運動量を $\boldsymbol{p}$ という実ベクトル

で表し，対応するエルミート演算子を $\widehat{\boldsymbol{p}}$ と表す．空間を直交座標で表すと，$\widehat{\boldsymbol{p}}$ の x, y, z 成分 $\widehat{p}_x, \widehat{p}_y, \widehat{p}_z$ の固有値方程式は，それぞれ，

$$\widehat{p}_x |p_x\rangle = p_x |p_x\rangle, \tag{5.23}$$

$$\widehat{p}_y |p_y\rangle = p_y |p_y\rangle, \tag{5.24}$$

$$\widehat{p}_z |p_z\rangle = p_z |p_z\rangle \tag{5.25}$$

で与えられる．固有状態 $|p_x\rangle, |p_y\rangle, |p_z\rangle$ に対して，規格直交性を式 (5.20) と同様にとると，$\{|p_x\rangle\}, \{|p_y\rangle\}, \{|p_z\rangle\}$ はそれぞれ基底を構成する．ここで，$\widehat{p}_x, \widehat{p}_y, \widehat{p}_z$ は互いに両立できる，即ち，

$$[\widehat{p}_x, \widehat{p}_y] = [\widehat{p}_y, \widehat{p}_z] = [\widehat{p}_z, \widehat{p}_x] = 0 \tag{5.26}$$

が成り立つものとすると，$\widehat{p}_x, \widehat{p}_y, \widehat{p}_z$ は同時固有状態 $|\boldsymbol{p}\rangle \equiv |p_x, p_y, p_z\rangle$ をもつ．よって，運動量基底としては，3 次元の場合，$\{|\boldsymbol{p}\rangle\}$ をとればよい．ここで，規格直交性は

$$\langle p'_x, p'_y, p'_z | p_x, p_y, p_z \rangle = \delta(p_x - p'_x)\delta(p_y - p'_y)\delta(p_z - p'_z) \tag{5.27}$$

で与えられる．これを略して，

$$\langle \boldsymbol{p}' | \boldsymbol{p} \rangle = \delta(\boldsymbol{p} - \boldsymbol{p}') \tag{5.28}$$

と書くと便利である．また，恒等演算子は

$$\int d^3 p \, |\boldsymbol{p}\rangle\langle\boldsymbol{p}| = 1 \tag{5.29}$$

と書ける．ここで，$\int d^3 p \equiv \int_{-\infty}^{\infty} dp_x \int_{-\infty}^{\infty} dp_y \int_{-\infty}^{\infty} dp_z$ である．

5.2 　正準交換関係

　前節で記述した位置と運動量は，互いに両立できない．両立できるとすれば，粒子の位置と運動量を同時に決められることになり，不確定性原理に矛盾する．すると次なる問題は，位置演算子と運動量演算子の交換子がいかなる値をもつか，さらには，位置基底と運動量基底の関係がどのように与えられるかである．

　まずは簡単のため，粒子が直線上のどこかにいるものとし，その位置演算子と運動量演算子をそれぞれ $\widehat{x}, \widehat{p}$ で表そう．そして，位置と運動量を同時に決定できないことを保証する量子力学の基本関係式

102　　　　　　　　　第 5 章　位置と運動量

$$[\widehat{x}, \widehat{p}] = i\hbar \tag{5.30}$$

が成立することを要請する．この関係式はしばしば**正準交換関係**と呼ばれる．

　この関係が要請されることを推測することは，解析力学の知識があれば可能である．その糸口として，**正準変換**，**ポアソン (Poisson) 括弧式**の二つが有用である．

(i)　**正準変換からの類推**：

　解析力学では，粒子の位置と運動量はそれぞれ決められるが，**平行移動**を表す正準変換の母関数は，運動量と平行移動後の位置との積で与えられる[2]．これは，運動量が，平行移動をもたらす**生成子**という役割を担うことを意味する．それに対応して，量子力学では，無限小平行移動：$|x\rangle \to |x + dx\rangle$ の生成演算子を $\frac{\widehat{p}}{\hbar}$ と同一視する．ここで，無限小平行移動を表す演算子 $\widehat{U}(dx)$ は，

$$\widehat{U}(dx)|x\rangle = |x + dx\rangle \tag{5.31}$$

を満たすが，その生成演算子は，$\widehat{U}(dx) \equiv 1 - i\widehat{G}\,dx$ とおいたときの $\widehat{G}$ に相当する．なお，古典力学では出てこない $\hbar$ は，$\widehat{U}(dx)$ を無次元化する役割を担うことに注意しよう．

例題 28

　$\widehat{U}(dx)$ がユニタリ演算子であること，また，$\widehat{G}$ がエルミート演算子となることを示せ．

【**解答例**】　式 (4.41) と式 (4.44) の関係を参考に，式 (5.31) の双対対応

$$\langle x|\widehat{U}^{\dagger}(dx) = \langle x + dx| \tag{5.32}$$

を考え，式 (5.32) において x を x' にかえた後，これらの内積をとると，

$$\langle x'|\widehat{U}^{\dagger}(dx)\widehat{U}(dx)|x\rangle = \delta(x - x') \tag{5.33}$$

を得る．これは任意の x, x' に対して成り立つから，$\widehat{U}^{\dagger}(dx)\widehat{U}(dx) = 1$ となる．したがって $\widehat{U}(dx)$ はユニタリ演算子である．

　すると，

---
[2] 詳細は同ライブラリ「ベーシック力学」を参照されたい．

5.2 正準交換関係

$$\widehat{U}^\dagger(dx)\widehat{U}(dx) = (1 + i\widehat{G}^\dagger\,dx)(1 - i\widehat{G}\,dx)$$
$$= 1 + i(\widehat{G}^\dagger - \widehat{G})\,dx + O(dx^2)$$
$$= 1 \tag{5.34}$$

より, $\widehat{G}^\dagger = \widehat{G}$, 即ち $\widehat{G}$ はエルミート演算子となる. ここで, $O(dx^2)$ はゼロと同等であることを用いた. □

$\widehat{G} = \dfrac{\widehat{p}}{\hbar}$ より,

$$\widehat{U}(dx) = 1 - i\frac{\widehat{p}}{\hbar}\,dx \tag{5.35}$$

を得るが, 式 (5.35) は式 (5.30) と等価であることを示そう. そのためには, これらの関係を組み合わせて得られる

$$[\widehat{x}, \widehat{U}(dx)] = \left[\widehat{x}, 1 - i\frac{\widehat{p}}{\hbar}\,dx\right]$$
$$= -\frac{i\,dx}{\hbar}\,[\widehat{x}, \widehat{p}]$$
$$= dx \tag{5.36}$$

が成り立つことを示せばよい. そのためにまず, 式 (5.31) に左から $\widehat{x}$ を作用させると,

$$\widehat{x}\widehat{U}(dx)|x\rangle = \widehat{x}|x + dx\rangle$$
$$= (x + dx)|x + dx\rangle \tag{5.37}$$

を得る. 他方, 固有値方程式 (5.6) に左から $\widehat{U}(dx)$ を作用させると,

$$\widehat{U}(dx)\,\widehat{x}\,|x\rangle = x\widehat{U}(dx)|x\rangle$$
$$= x|x + dx\rangle \tag{5.38}$$

を得る. 式 (5.37) と式 (5.38) の差をとると,

$$[\widehat{x}, \widehat{U}(dx)]\,|x\rangle = dx\,|x + dx\rangle$$
$$= dx\,|x\rangle + dx\,(|x + dx\rangle - |x\rangle) \tag{5.39}$$

を得る. ここで, 最後の項 $dx\,(|x + dx\rangle - |x\rangle)$ はゼロと同等であり, 式 (5.36) が成立することがわかる.

104　　　　　　　　第 5 章　位置と運動量

(ii)　ポアソン括弧式からの類推：

　正準形式の解析力学において，運動の保存量を探すのによく用いられるのがポアソン括弧式である．ここで問題にしている粒子の直線運動については，その位置 x，運動量 p の関数 $A(p, x)$, $B(p, x)$ に対して，ポアソン括弧式は

$$\{A(p,x), B(p,x)\} \equiv \frac{\partial A}{\partial x}\frac{\partial B}{\partial p} - \frac{\partial A}{\partial p}\frac{\partial B}{\partial x} \tag{5.40}$$

と定義される．すると，$A(p,x) = x$, $B(p,x) = p$ を代入することにより，

$$\{x, p\} = 1 \tag{5.41}$$

を得る．これと，式 (5.30) の類似性は明白である．なお，式 (5.30) の右辺にある $\hbar$ は次元をそろえる役割を担うことに注意しよう．

5.3　位置基底における運動量演算子

　正準交換関係 (5.30) は大変簡潔であるが，この関係から，位置基底と運動量基底の間の変換則を求めることができる．この目的のためにまず，位置基底における運動量演算子を求めよう．ここで，5.2 節で導入した無限小平行移動をもたらすユニタリ演算子 $\widehat{U}(dx)$ が役に立つ．

　実際，粒子の状態ケット $|\psi\rangle$ に $\widehat{U}(dx)$ を作用させると，

$$\begin{aligned}
\widehat{U}(dx)|\psi\rangle &= \int_{-\infty}^{\infty} dx\, \widehat{U}(dx)|x\rangle\langle x|\psi\rangle \\
&= \int_{-\infty}^{\infty} dx\, |x+dx\rangle\langle x|\psi\rangle \\
&= \int_{-\infty}^{\infty} dx'\, |x'\rangle\langle x'-dx|\psi\rangle \\
&= \int_{-\infty}^{\infty} dx'\, |x'\rangle\left(\langle x'|\psi\rangle - dx\frac{\partial}{\partial x'}\langle x'|\psi\rangle\right) \\
&= |\psi\rangle - dx\int_{-\infty}^{\infty} dx'\, |x'\rangle\frac{\partial}{\partial x'}\langle x'|\psi\rangle \tag{5.42}
\end{aligned}$$

を得る．ここで，1 行目内，4 行目から 5 行目の変形においては，重ね合わせの原理 (5.9) を，1 行目から 2 行目の変形においては，式 (5.31) を用いた．また，2 行目から 3 行目においては，$x' \equiv x + dx$ と積分変数の変換を行い，3 行目か

5.3 位置基底における運動量演算子 **105**

ら4行目においては，確率振幅（波動関数）$\langle x|\psi\rangle$ を $x = x'$ のまわりで展開した．確率振幅の偏微分は，確率振幅がいくつかのパラメータに依存する場合は，それらを変えずに位置に関する微分を行うことを意味する．次に，式 (5.35) と式 (5.42) を比較することにより，

$$\widehat{p}|\psi\rangle = \int_{-\infty}^{\infty} dx' \, |x'\rangle \left(-i\hbar \frac{\partial}{\partial x'} \langle x'|\psi\rangle \right) \tag{5.43}$$

を得る．左から $\langle x|$ を作用させると，

$$\begin{aligned}
\langle x|\widehat{p}|\psi\rangle &= \int_{-\infty}^{\infty} dx' \, \langle x|x'\rangle \left(-i\hbar \frac{\partial}{\partial x'} \langle x'|\psi\rangle \right) \\
&= \int_{-\infty}^{\infty} dx' \, \delta(x' - x) \left(-i\hbar \frac{\partial}{\partial x'} \langle x'|\psi\rangle \right) \\
&= \frac{\hbar}{i} \frac{\partial}{\partial x} \langle x|\psi\rangle
\end{aligned} \tag{5.44}$$

と変形できる．ここで，1行目から2行目の変形においては，規格直交性 (5.7) を用いた．かくして，位置基底においては，運動量演算子を

$$\widehat{p} \;\; \to \;\; \frac{\hbar}{i} \frac{\partial}{\partial x} \tag{5.45}$$

のように置き換えることができるのである．この規則は，本書においてはあくまで正準交換関係 (5.30) から導出されたものであるが，文献によっては，この規則を与えられたものとして議論を進める場合もある．その場合は，位置基底を前提にしていること，また，$\widehat{p}$ がブラやケットにかかるのとは異なり，微分演算子 $\frac{\partial}{\partial x}$ はあくまで波動関数 $\psi(x)$ に作用することに注意しよう．

この規則の3次元への拡張は容易である．$j = x, y, z$ とすると，正準交換関係は，位置演算子の j 成分 $\widehat{x}_j$ と運動量演算子の j 成分 $\widehat{p}_j$ に対して

$$[\widehat{x}_j, \widehat{p}_k] = i\hbar\delta_{jk} \tag{5.46}$$

と書け，それに対応して式 (5.45) を

$$\widehat{p}_j \;\; \to \;\; \frac{\hbar}{i} \frac{\partial}{\partial x_j} \tag{5.47}$$

と拡張することができる．ここで，$x_x = x, x_y = y, x_z = z$ という自明な対応

106　　　　　　　　　第5章　位置と運動量

に注意しよう．ナブラ演算子 (2.12) を用いると，式 (5.47) はより簡便に

$$\widehat{\boldsymbol{p}} \;\rightarrow\; \frac{\hbar}{i}\boldsymbol{\nabla} \tag{5.48}$$

とも書ける．

例題 29

3次元の場合，

$$\langle\boldsymbol{x}|\widehat{\boldsymbol{p}}|\psi\rangle = \frac{\hbar}{i}\boldsymbol{\nabla}\langle\boldsymbol{x}|\psi\rangle \tag{5.49}$$

となることを示せ．

【解答例】　$d\boldsymbol{x}$ だけ平行移動をもたらす演算子 $\widehat{U}(d\boldsymbol{x}) = 1 - \frac{i\widehat{\boldsymbol{p}}\cdot d\boldsymbol{x}}{\hbar}$ に対して，
式 (5.42) と全く同様にして，

$$\begin{aligned}
\widehat{U}(d\boldsymbol{x})|\psi\rangle &= \int d^3x\,\widehat{U}(d\boldsymbol{x})\,|\boldsymbol{x}\rangle\langle\boldsymbol{x}|\psi\rangle \\
&= \int d^3x\,|\boldsymbol{x}+d\boldsymbol{x}\rangle\langle\boldsymbol{x}|\psi\rangle \\
&= \int d^3x'\,|\boldsymbol{x}'\rangle\langle\boldsymbol{x}'-d\boldsymbol{x}|\psi\rangle \\
&= \int d^3x'\,|\boldsymbol{x}'\rangle\big(\langle\boldsymbol{x}'|\psi\rangle - d\boldsymbol{x}\cdot\boldsymbol{\nabla}'\langle\boldsymbol{x}'|\psi\rangle\big) \\
&= |\psi\rangle - d\boldsymbol{x}\cdot\int d^3x'\,|\boldsymbol{x}'\rangle\boldsymbol{\nabla}'\langle\boldsymbol{x}'|\psi\rangle \tag{5.50}
\end{aligned}$$

を得る．ここで，$\boldsymbol{\nabla}'$ は $\boldsymbol{x}'$ に対するナブラ演算子である．すると，式 (5.44)
を得たのと全く同様にして，

$$\begin{aligned}
\langle\boldsymbol{x}|\widehat{\boldsymbol{p}}|\psi\rangle &= \int d^3x'\,\langle\boldsymbol{x}|\boldsymbol{x}'\rangle(-i\hbar\boldsymbol{\nabla}'\langle\boldsymbol{x}'|\psi\rangle) \\
&= \int d^3x'\,\delta(\boldsymbol{x}'-\boldsymbol{x})(-i\hbar\boldsymbol{\nabla}'\langle\boldsymbol{x}'|\psi\rangle) \\
&= \frac{\hbar}{i}\boldsymbol{\nabla}\langle\boldsymbol{x}|\psi\rangle \tag{5.51}
\end{aligned}$$

と変形できる．ここで，1行目から2行目の変形においては，規格直交性 (5.17)
を用いた．かくして，式 (5.49) が導出された．　　　　　　　　　　　□

5.3 位置基底における運動量演算子 **107**

ここで1次元の場合に戻り，式 (5.45) の重要な帰結を述べる．位置演算子と運動量演算子が互いに両立できないため，位置基底 $\{|x\rangle\}$ と運動量基底 $\{|p\rangle\}$ の間の変換則を与えておくと二つの基底を行き来できる．たとえば位置基底から運動量基底に移るには，変換を支配するユニタリ行列要素 (4.106) において，$|a_i\rangle$ を $|x\rangle$，$|b_i\rangle$ を $|p\rangle$ とおいたもの，即ち $\langle x|p\rangle$ を求めればよい．これは，式 (5.44) から導出することができるのである．実際，式 (5.44) において $|\psi\rangle = |p\rangle$ とすると，

$$\langle x|\hat{p}|p\rangle = p\langle x|p\rangle = \frac{\hbar}{i}\frac{\partial}{\partial x}\langle x|p\rangle \tag{5.52}$$

を得る．これは，変数分離形の常微分方程式であり，その一般解は，

$$\langle x|p\rangle = Ne^{\frac{ipx}{\hbar}} \tag{5.53}$$

と書かれる．ここで，N は積分定数である．N を決めるのに，式 (5.20) に，位置基底における重ね合わせの原理 (5.8) を適用すると，

$$
\begin{aligned}
\langle p'|p\rangle &= \int_{-\infty}^{\infty} dx\,\langle p'|x\rangle\langle x|p\rangle \\
&= |N|^2 \int_{-\infty}^{\infty} dx\, e^{\frac{i(p-p')x}{\hbar}} \\
&= 2\pi\hbar|N|^2\delta(p-p')
\end{aligned}
\tag{5.54}
$$

を得る．ここで，1行目から2行目の変形においては式 (5.53) を，2行目から3行目の変形においては式 (5.5) を用いた．したがって，N を正の実数にとると，$N = \frac{1}{\sqrt{2\pi\hbar}}$ となる．結局，

$$\langle x|p\rangle = \frac{1}{\sqrt{2\pi\hbar}}e^{\frac{ipx}{\hbar}} \tag{5.55}$$

が得られる．なお，N に位相因子をかけても，観測量には全く影響がないことに注意しよう．

式 (5.55) を用いて，波動関数の変換則を与えることができる．固有値分布が離散的な場合，基底を変えれば，確率振幅は式 (4.107) に従って変更をうけることを思い出そう．x と p が連続的であることから，それぞれの基底における波動関数 $\psi(x)$ と $\psi(p)$ に対し，

108　　　　　　　　　第 5 章　位 置 と 運 動 量

$$\psi(x) = \int_{-\infty}^{\infty} dp \langle x|p \rangle \, \psi(p), \tag{5.56}$$

$$\psi(p) = \int_{-\infty}^{\infty} dx \langle p|x \rangle \, \psi(x) \tag{5.57}$$

が成り立つ. すると, 式 (5.55) とその複素共役を代入することにより,

$$\psi(x) = \frac{1}{\sqrt{2\pi\hbar}} \int_{-\infty}^{\infty} dp \, e^{\frac{ipx}{\hbar}} \psi(p), \tag{5.58}$$

$$\psi(p) = \frac{1}{\sqrt{2\pi\hbar}} \int_{-\infty}^{\infty} dx \, e^{-\frac{ipx}{\hbar}} \psi(x) \tag{5.59}$$

を得る. 式 (5.58) と式 (5.59) は, $\psi(x)$ と $\psi(p)$ が互いに**フーリエ** (Fourier) **変換**の関係にあることを示す.

3 次元の場合は, 位置基底から運動量基底に移るにあたり, 行列要素 $\langle \boldsymbol{x}|\boldsymbol{p} \rangle$ を求めておけばよい. 1 次元の場合に常微分方程式 (5.52) を得たのと全く同様に, 式 (5.49) において $|\psi\rangle = |\boldsymbol{p}\rangle$ とすると,

$$\langle \boldsymbol{x}|\widehat{p}_j|\boldsymbol{p} \rangle = p_j \langle \boldsymbol{x}|\boldsymbol{p} \rangle = \frac{\hbar}{i} \frac{\partial}{\partial x_j} \langle \boldsymbol{x}|\boldsymbol{p} \rangle \tag{5.60}$$

を得る. すると, 偏微分方程式 (5.60) の各成分は式 (5.52) と同じ形となるため, 式 (5.52) の一般解 (5.53) を用いて, $\langle \boldsymbol{x}|\boldsymbol{p} \rangle = \langle x|p_x \rangle \langle y|p_y \rangle \langle z|p_z \rangle$ のように変数分離された解が得られる. 具体的には, 各成分の積分定数を N_j とすると,

$$\langle \boldsymbol{x}|\boldsymbol{p} \rangle = N_x N_y N_z e^{\frac{i\boldsymbol{p}\cdot\boldsymbol{x}}{\hbar}} \tag{5.61}$$

を得る. ここで, 1 次元の場合の特殊解 (5.55) と同様, $N_x = N_y = N_z = \frac{1}{\sqrt{2\pi\hbar}}$ とおくと, 式 (5.54) を 3 重に用いれば, 規格直交性 (5.27) が満たされることは自明である. かくして, 最終的に

$$\langle \boldsymbol{x}|\boldsymbol{p} \rangle = \frac{1}{(2\pi\hbar)^{\frac{3}{2}}} e^{\frac{i\boldsymbol{p}\cdot\boldsymbol{x}}{\hbar}} \tag{5.62}$$

を得る.

式 (5.62) を用いると, 波動関数の変換則を 3 次元において得ることも容易である. 実際, 式 (5.58) と式 (5.59) に対応して,

$$\psi(\boldsymbol{x}) = \frac{1}{(2\pi\hbar)^{\frac{3}{2}}} \int d^3 p \, e^{\frac{i\boldsymbol{p}\cdot\boldsymbol{x}}{\hbar}} \psi(\boldsymbol{p}), \tag{5.63}$$

$$\psi(\boldsymbol{p}) = \frac{1}{(2\pi\hbar)^{\frac{3}{2}}} \int d^3 x \, e^{-\frac{i\boldsymbol{p}\cdot\boldsymbol{x}}{\hbar}} \psi(\boldsymbol{x}) \tag{5.64}$$

を得る.

本節を終えるにあたり，粒子が有限体積 V の領域にある場合を考えよう．これは，現実の系によくあてはまる．このとき，式 (5.63) や式 (5.64) の積分領域に注意する必要がある．簡単のため，図 5.3 に示すように，領域として立方体（一辺の長さを $L \, (= V^{\frac{1}{3}})$ とする）の箱を考える．粒子がド・ブロイ波長 λ をもつ波のようにふるまうため，境界条件を定めれば，箱中の固有振動の数を数えることができる．

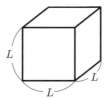

図 5.3 立方体の領域

たとえば，境界で振幅がゼロとなる場合を考えよう．この場合，固定端のもとで定常波が立つ条件を求めればよい．立方体の辺を x 軸，y 軸，z 軸に平行にとると，x 方向の定常波は，波数 $k_x = \frac{2\pi}{\lambda}$ が $k_{x,n} \equiv \frac{n\pi}{L}$（$n$ は 1 以上の自然数）という値をもつ場合に発生する（図 5.4）．対応する定常波の振幅は，

$$\sin(k_{x,n} x) = \frac{1}{2i}(e^{ik_{x,n} x} - e^{-ik_{x,n} x}) \tag{5.65}$$

に比例する．右辺は，右向き（x 軸の $+$ 方向）と左向き（x 軸の $-$ 方向）に進行する波の重ね合わせを意味する．実際，式 (5.45) の規則より，$e^{ik_{x,n} x}$ が $\hbar k_{x,n}$ という正の運動量をもつ状態，即ち右向きに進む状態に相当し，$e^{-ik_{x,n} x}$ はその逆で左向きに進む状態に相当する．この定常波において，$k_{x,n}$ はちょうど右進行波成分の波数に対応する．そこで，定常波の数を数えるのに，k_x（> 0）を右進行波成分の波数とみなし，無限系であれば k_x がすべての正の実

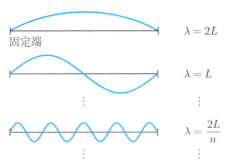

図 5.4 固定端のもと定常波が立つ条件

数値をとりうるなか,有限系でとりうる値がいかに制約を受けるかを考えることにしよう.任意の n に対し,n 番目の固有振動と $n+1$ 番目の固有振動において,k_x の値がちょうど $\frac{\pi}{L}$ だけずれる.すると,k_x の間隔 Δk_x の中に,固有振動は,$\frac{L}{\pi}\Delta k_x$ 個あると考えればよい.

上記の数え方は波数 k_x は正という想定に基づいているが,負の値もとれるように拡張することは自然である.実際,式 (5.65) において左進行波は負の波数 $-k_{x,n}$ をもつとみなすことができる.k_x がすべての実数値をとれると考えた場合でも,固有振動の総数に違いがあってはならない.固有振動が $\frac{\pi}{L}$ おきに現れることには違いがないため,Δk_x 中にある固有振動数は,k_x を正と限定した場合のちょうど半分,即ち $\frac{L}{2\pi}\Delta k_x$ 個あると考える必要がある.つじつま合わせの方法に見えるかもしれないが,同じ結果は,**周期境界条件**(体積 V の立方体を並べて,各立方体で同一の固有振動が立ち,それらが境界において滑らかにつながっている場合)のもとでも得られる[3].これは,系が十分大きければ,Δk_x 中にある固有振動数は境界のとり方によらないことを意味する.ここまでのまとめとして,二つの立場の違いを表 5.2 にまとめておこう.

表 5.2 固有振動の数え方

	波の進行方向	固有振動の間隔	Δk 中の固有振動の数
$0 \leq k < \infty$	右か左のみ	$\frac{\pi}{L}$	$\frac{L}{\pi}\Delta k$
$-\infty < k < \infty$	左右両方	$\frac{\pi}{L}$	$\frac{L}{2\pi}\Delta k$

---

[3] 周期境界条件のもとでは,隣り合う固有振動間の波数のずれは $\frac{2\pi}{L}$,即ち,固定端の場合の 2 倍である.

5.3 位置基底における運動量演算子

ここでは便宜のため，k_x が正負ともとれるという立場をとる．すると，y, z 方向についても議論を繰り返すことができ，Δk_y, Δk_z 中に，それぞれ，$\frac{L}{2\pi}\Delta k_y$ 個，$\frac{L}{2\pi}\Delta k_z$ 個の固有振動が存在する．3方向の固有振動を全て勘案すると，$\Delta k_x \Delta k_y \Delta k_z$ の中にある固有振動数 $\Delta N(\boldsymbol{k})$ は，これらの積，即ち，

$$\Delta N(\boldsymbol{k}) = \frac{V}{(2\pi)^3}\,\Delta k_x \Delta k_y \Delta k_z \tag{5.66}$$

にほかならない．ここで，$\boldsymbol{k}$ は波数ベクトルであり，その j 成分は k_j である．Δk_x などをゼロに近づけることにより，

$$dN(\boldsymbol{k}) = V\,\frac{d^3 k}{(2\pi)^3} \tag{5.67}$$

を得る．ここで，$d^3 k = dk_x dk_y dk_z$ である．式 (5.66), (5.67) の右辺において，系のスケールを与える量は V のみで書ける．これは，式 (5.66), (5.67) は立方体の箱を仮定して導出されたものの，結局は，系の形によらない一般的な結果であることを意味する．

ここで，注意しておきたい点を列挙する．まず第一に，式 (5.67) は波一般に適用できる条件である．したがって，古典物理の範囲でお目にかかることも少なくない．第二に，実空間の代わりに，k_x, k_y, k_z を軸にとって**波数空間**を作るのが便利である．図 5.5 に波数空間を示す．その中にある領域を考え，その

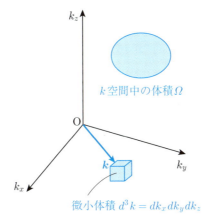

図 5.5 波数空間

第5章　位置と運動量

「体積」を Ω としよう．その次元は，通常の体積の逆数であることに注意しよう．その領域中にある固有振動の数は，$\frac{V\Omega}{(2\pi)^3}$ で与えられる．第三に，ここで問題にしているド・ブロイ波長をもつ物質波に対しては，式 (1.1) より $\boldsymbol{p} = \hbar\boldsymbol{k}$ のような運動量ベクトル $\boldsymbol{p}$ と波数ベクトル $\boldsymbol{k}$ との関係があるため，p_x, p_y, p_z を軸にとった運動量空間においては，式 (5.67) を

$$dN(\boldsymbol{p}) = V\,\frac{d^3p}{(2\pi\hbar)^3} \tag{5.68}$$

と書き直すことができる．

最後に，これまで出てきた3次元の位置基底，運動量基底の諸性質を，無限系での記述から有限系での記述に変更しよう．位置基底における恒等演算子は，式 (5.18) の代わりに，

$$\int_V d^3x\,|\boldsymbol{x}\rangle\langle\boldsymbol{x}| = 1 \tag{5.69}$$

となる．また，運動量基底における規格直交性については，境界があることにより $\boldsymbol{p}$ が離散的な値しかとれないことに注意すると，式 (5.28) の代わりに，

$$\langle\boldsymbol{p}'|\boldsymbol{p}\rangle = \delta_{\boldsymbol{p}\boldsymbol{p}'} \tag{5.70}$$

を得る．また，運動量基底における恒等演算子は，式 (5.29) の代わりに，

$$\frac{V}{(2\pi\hbar)^3}\int d^3p\,|\boldsymbol{p}\rangle\langle\boldsymbol{p}| = 1 \tag{5.71}$$

となる．ここで，$\boldsymbol{p}$ が離散的な場合の恒等演算子に対しては，式 (4.37) より $\sum_{\boldsymbol{p}} |\boldsymbol{p}\rangle\langle\boldsymbol{p}| = 1$ が得られるが，式 (5.68) により和を積分に置換することができるのである．

例題 30

有限系に対して，式 (5.62) は，

$$\langle\boldsymbol{x}|\boldsymbol{p}\rangle = \frac{1}{\sqrt{V}}\,e^{\frac{i\boldsymbol{p}\cdot\boldsymbol{x}}{\hbar}} \tag{5.72}$$

と書き換えられることを示せ．

【解答例】 $\langle\boldsymbol{x}|\boldsymbol{p}\rangle$ は，有限系に対しても $e^{\frac{i\boldsymbol{p}\cdot\boldsymbol{x}}{\hbar}}$ に比例するが，その比例係数 N_V

5.3 位置基底における運動量演算子

は，運動量基底での規格直交性 (5.70) から決めることができる．実際，

$$
\begin{aligned}
\delta_{\boldsymbol{p}\boldsymbol{p}'} &= \langle \boldsymbol{p}'|\boldsymbol{p}\rangle \\
&= \int_V d^3x\, \langle \boldsymbol{p}'|\boldsymbol{x}\rangle\langle \boldsymbol{x}|\boldsymbol{p}\rangle \\
&= \int_V d^3x\, |N_V|^2 e^{\frac{i(\boldsymbol{p}-\boldsymbol{p}')\cdot\boldsymbol{x}}{\hbar}} \\
&= V|N_V|^2 \delta_{\boldsymbol{p}\boldsymbol{p}'} \tag{5.73}
\end{aligned}
$$

を得る．ここで，1 行目から 2 行目の変形においては，重ね合わせの原理 (5.69) を用いた．したがって，$N_V = V^{-\frac{1}{2}}$ と書け，式 (5.72) が導出された． $\square$

式 (5.72) を用いると，3 次元無限系における波動関数の変換則 (5.63), (5.64) が，有限系に対して

$$
\psi(\boldsymbol{x}) = \frac{\sqrt{V}}{(2\pi\hbar)^3} \int d^3p\, e^{\frac{i\boldsymbol{p}\cdot\boldsymbol{x}}{\hbar}}\, \psi(\boldsymbol{p}), \tag{5.74}
$$

$$
\psi(\boldsymbol{p}) = \frac{1}{\sqrt{V}} \int d^3x\, e^{-\frac{i\boldsymbol{p}\cdot\boldsymbol{x}}{\hbar}}\, \psi(\boldsymbol{x}) \tag{5.75}
$$

と書き換えられることを示すことは容易である．これらは，たとえば固体中の電子の状態を記述する際に大いに役立つ．

第 5 章 位置と運動量

114

演 習 問 題

演習 5.1 位置演算子 $\widehat{\boldsymbol{x}}$ と運動量演算子 $\widehat{\boldsymbol{p}}$ の正準交換関係

$$[\widehat{x}_i, \widehat{p}_j] = i\hbar\delta_{ij} \tag{5.76}$$

の両辺に対し，ヒルベルト空間の任意の状態 $|\psi\rangle$ と位置演算子の固有状態 $|\boldsymbol{x}\rangle$ で双対の内積をとると，左辺（LHS）と右辺（RHS）はそれぞれ

$$\begin{aligned}
\text{LHS} &= \langle\boldsymbol{x}|\,[\widehat{x}_i, \widehat{p}_j]\,|\psi\rangle \\
&= \langle\boldsymbol{x}|\widehat{x}_i\widehat{p}_j|\psi\rangle - \langle\boldsymbol{x}|\widehat{p}_j\widehat{x}_i|\psi\rangle \\
&= x_i \langle\boldsymbol{x}|\widehat{p}_j|\psi\rangle - \langle\boldsymbol{x}|\widehat{p}_j\widehat{x}_i|\psi\rangle, \tag{5.77}
\end{aligned}$$

$$\text{RHS} = i\hbar\langle\boldsymbol{x}|\psi\rangle\delta_{ij} \tag{5.78}$$

となる．ここで LHS = RHS を満たすべきであるが，そのためには，$g_j(\boldsymbol{x})$ をある滑らかな関数（ベクトル場の j 成分）として，位置基底における運動量演算子を一般に

$$\widehat{p}_j \quad \rightarrow \quad -i\hbar\frac{\partial}{\partial x_j} + g_j(\boldsymbol{x}) \tag{5.79}$$

と表現できることを示せ．

演習 5.2 1 次元の位置演算子の固有状態に対する有限値 a の平行移動

$$|x\rangle \quad \rightarrow \quad |x - a\rangle \tag{5.80}$$

を生成する演算子が

$$\widehat{U}(a) = \exp\left(i\frac{a}{\hbar}\widehat{p}\right) \tag{5.81}$$

で与えられることを示せ．

演習 5.3 1 次元調和振動子の基底状態 $\psi_0(x) = \langle x|0\rangle$ を運動量基底で表示せよ．

第6章

波動方程式の性質

　以上で量子力学を記述する上での枠組みが整った．いよいよ系の状態が時間発展する様子を考えよう．そのために，時刻 t をパラメータとして扱い，状態ケットが $|\psi(t)\rangle$ のように t 依存性をもつものとする．その上で，時刻 t を後にずらす演算子，即ち時間発展をもたらす演算子を導入する．前章では，位置基底のもと，平行移動を記述する演算子を考えた．今回も同様の手続きを踏むことにより，シュレーディンガー方程式を得る．これは，ニュートンの運動方程式とは全く異なる構造をもった波動方程式であるが，エーレンフェストの定理を通じて，位置や運動量の期待値は運動方程式に従うことを見る．

6.1　時間発展の演算子

　ある時刻 t_0 で $|\psi(t_0)\rangle$ にある状態が，時間発展により，t $(> t_0)$ において $|\psi(t)\rangle$ になったとしよう．ここで，

$$|\psi(t)\rangle = \widehat{U}(t, t_0)|\psi(t_0)\rangle \tag{6.1}$$

によって定められる**時間発展の演算子** $\widehat{U}(t, t_0)$ を考える．$\widehat{U}(t, t_0)$ が満たすべき性質を列記しよう．

(i)　ユニタリ性：

$$\widehat{U}^{\dagger}(t, t_0)\widehat{U}(t, t_0) = \widehat{U}(t, t_0)\widehat{U}^{\dagger}(t, t_0) = 1. \tag{6.2}$$

例題 31

　条件 (6.2) が確率の保存を保証することを示せ．

116　　　　　　第 6 章　波動方程式の性質

【解答例】　式 (6.1) と，その双対対応との内積をとると，

$$\langle\psi(t)|\psi(t)\rangle = \langle\psi(t_0)|\widehat{U}^\dagger(t,t_0)\widehat{U}(t,t_0)|\psi(t_0)\rangle = \langle\psi(t_0)|\psi(t_0)\rangle \tag{6.3}$$

が得られる．これはまさに全確率が時刻によらない，即ち保存されることを表す．実際，$\langle\psi(t)|\psi(t)\rangle = 1$ にとり，基底 $\{|\psi_i\rangle\}$ を定めれば，確率振幅 $c_i(t) \equiv \langle\psi_i|\psi(t)\rangle$ に対して，式 (4.68) が各時刻で成り立つのである．　　　　　□

(ii)　**合成則：**
$$\widehat{U}(t_2,t_0) = \widehat{U}(t_2,t_1)\widehat{U}(t_1,t_0), \quad t_2 > t_1 > t_0. \tag{6.4}$$

(iii)　$t \to t_0$ で $\widehat{U}(t,t_0) \to \widehat{U}(t_0,t_0) = 1.$

(i)–(iii) を満たす $\widehat{U}$ を無限小の時間発展（$t_0 \to t_0 + dt$）に対して与えると，

$$\widehat{U}(t_0 + dt, t_0) = 1 - i\frac{\widehat{H}}{\hbar}\,dt \tag{6.5}$$

のようにエルミート演算子 $\widehat{H}$ によって書ける．ここで，$\widehat{H}$ は**ハミルトニアン**と呼ばれる．$\widehat{H}$ は $\widehat{H}(t_0)$ のように時刻 t_0 に依存していてよい．解析力学の知識があれば，ハミルトニアンがここで出現することの意味を理解することができる．実際，ハミルトニアンと dt の積を正準変換の母関数にとると，時間発展が記述されるのである[1]．これは，ハミルトニアンが，時間発展をもたらす生成子という役割を担うことを意味する．

ここで，式 (6.5) が実際に (i)–(iii) を満たすことを確認しよう．なお，(ii) については，無限小の時間発展に対する合成則さえ考えれば十分である．

(i)　例題 28 と同様にして，

$$\begin{aligned}
\widehat{U}^\dagger(t_0 + dt, t_0)\widehat{U}(t_0 + dt, t_0) &= \left(1 + i\frac{\widehat{H}}{\hbar}\,dt\right)\left(1 - i\frac{\widehat{H}}{\hbar}\,dt\right) \\
&= 1 + O(dt^2) \\
&= 1. \tag{6.6}
\end{aligned}$$

---

[1] 詳細は同ライブラリ「ベーシック 力学」を参照されたい．

6.2 シュレーディンガー方程式 **117**

(ii) 式 (6.5) を変形していくと，$dt > dt_1 > 0$ として，

$$\widehat{U}(t_0 + dt, t_0) = 1 - i\,\frac{\widehat{H}}{\hbar}(dt - dt_1 + dt_1)$$

$$= \left\{ 1 - i\,\frac{\widehat{H}}{\hbar}(dt - dt_1) \right\}\left(1 - i\,\frac{\widehat{H}}{\hbar}\,dt_1 \right) + O(dt^2)$$

$$= \widehat{U}(t_0 + dt, t_0 + dt_1)\widehat{U}(t_0 + dt_1, t_0) + O(dt^2)$$

$$= \widehat{U}(t_0 + dt, t_0 + dt_1)\widehat{U}(t_0 + dt_1, t_0) \tag{6.7}$$

を得る．ここで，2行目から3行目への変形においては，$\widehat{H}(t_0 + dt_1) = \widehat{H}(t_0) + O(dt)$ を用いた．

(iii) 式 (6.5) において，$dt \to 0$ の極限をとると，

$$\lim_{dt \to 0} \widehat{U}(t_0 + dt, t_0) = 1 - i \lim_{dt \to 0} \frac{\widehat{H}}{\hbar}\,dt$$

$$= 1 \tag{6.8}$$

を得る．

6.2 シュレーディンガー方程式

　ここで，時間発展の演算子が従うべき方程式，即ちシュレーディンガー方程式を導出しよう．合成則 (6.4) において，$t_1 \to t$, $t_2 \to t + dt$ とおくと，

$$\widehat{U}(t + dt, t_0) = \widehat{U}(t + dt, t)\widehat{U}(t, t_0)$$

$$= \left\{ 1 - i\,\frac{\widehat{H}(t)}{\hbar}\,dt \right\}\widehat{U}(t, t_0) \tag{6.9}$$

を得る．すると，

$$\widehat{U}(t + dt, t_0) - \widehat{U}(t, t_0) = -i\,\frac{\widehat{H}(t)}{\hbar}\,dt\,\widehat{U}(t, t_0), \tag{6.10}$$

さらにはこれと等価なものとして，

$$i\hbar\,\frac{\partial}{\partial t}\widehat{U}(t, t_0) = \widehat{H}(t)\widehat{U}(t, t_0) \tag{6.11}$$

を得る. 式 (6.11) は, 時間発展の演算子 $\widehat{U}$ に対するシュレーディンガー方程式にほかならない. t についての偏微分は, $\widehat{U}$ が t 以外のいくつかのパラメータに依存している場合, それらを固定することを意味する.

式 (6.11) は, これからの議論の基礎となる方程式であるが, 演算子のみで書かれた骨組みだけの式である. ハミルトニアンと基底を与えれば, 具体的に確率振幅の時間変化を知ることができる. その処方をシンプルな例に対して記そう. ここで, 粒子一つの系（たとえば電子）に対して, 粒子が時々刻々どの場所に見出されるかを表す確率振幅 $\langle \boldsymbol{x} | \psi(t) \rangle$ を求めることができる. そのためにまず, 式 (6.11) に右から時刻 t_0 における系の状態ケット $| \psi(t_0) \rangle$ を作用させると,

$$i\hbar \frac{\partial}{\partial t} | \psi(t) \rangle = \widehat{H}(t) | \psi(t) \rangle \tag{6.12}$$

を得る. ここまでは, 系の種類によらない一般的な式である. ここで, 基底を一つの粒子の位置 $\boldsymbol{x}$ に対する位置基底 $\{ | \boldsymbol{x} \rangle \}$ にとる. 左から基本状態 $\langle \boldsymbol{x} |$ を作用させると,

$$i\hbar \frac{\partial}{\partial t} \langle \boldsymbol{x} | \psi(t) \rangle = \langle \boldsymbol{x} | \widehat{H}(t) | \psi(t) \rangle \tag{6.13}$$

を得る. ここで, 具体的にハミルトニアンを与えよう. 古典力学では, 質量 m の粒子に作用する力が保存力の場合, 位置エネルギー $V(\boldsymbol{x})$ を用いて, ハミルトニアンは, 運動量 $\boldsymbol{p}$ と位置 $\boldsymbol{x}$ だけを用いて, $\frac{\boldsymbol{p}^2}{2m} + V(\boldsymbol{x})$ のように書くことができる. これは, 陽に t によらないことに注意しよう. 量子力学において対応する演算子は,

$$\widehat{H} = \frac{\widehat{\boldsymbol{p}}^2}{2m} + V(\widehat{\boldsymbol{x}}) \tag{6.14}$$

と表される. ここで, 式 (5.49) を用いると,

$$i\hbar \frac{\partial}{\partial t} \psi(\boldsymbol{x}, t) = \left\{ -\frac{\hbar^2}{2m} \boldsymbol{\nabla}^2 + V(\boldsymbol{x}) \right\} \psi(\boldsymbol{x}, t) \tag{6.15}$$

が導かれる. ここで, $\boldsymbol{\nabla}^2 = \frac{\partial^2}{\partial x^2} + \frac{\partial^2}{\partial y^2} + \frac{\partial^2}{\partial z^2}$, $\psi(\boldsymbol{x}, t)$ は時間に依存する波動関数である. 式 (6.15) は, 歴史的理由により, しばしば**時間に依存するシュレーディンガー方程式**と呼ばれ, また, この形の方程式に帰着される量子力学の問題を**ポテンシャル問題**と呼ぶことについては, 第2章でも述べた.

6.2 シュレーディンガー方程式

119

┌─ 例題 32 ─────────────────────────
式 (6.15) を導け.
└──────────────────────────────

【解答例】 式 (6.13) の右辺は,

$$\langle \boldsymbol{x}|\widehat{H}|\psi(t)\rangle = \frac{1}{2m}\sum_j \langle \boldsymbol{x}|\widehat{p}_j\widehat{p}_j|\psi(t)\rangle + \langle \boldsymbol{x}|V(\widehat{\boldsymbol{x}})|\psi(t)\rangle \qquad (6.16)$$

となる. 運動エネルギー項は, 式 (5.49) の $|\psi\rangle$ に $\widehat{p}_j|\psi(t)\rangle$ をあてはめること により, $\frac{\hbar}{2mi}\sum_j \frac{\partial}{\partial x_j}\langle \boldsymbol{x}|\widehat{p}_j|\psi(t)\rangle$ と変形できる. 引き続き式 (5.49) の $|\psi\rangle$ に $|\psi(t)\rangle$ をあてはめることにより $\langle \boldsymbol{x}|\widehat{p}_j|\psi(t)\rangle = \frac{\hbar}{i}\frac{\partial}{\partial x_j}\langle \boldsymbol{x}|\psi(t)\rangle$ が成り立つこと に注意すると, 結局 $-\frac{\hbar^2}{2m}\boldsymbol{\nabla}^2\langle \boldsymbol{x}|\psi(t)\rangle$ が得られる. 一方, 位置エネルギー項 においては, $V(\widehat{\boldsymbol{x}})$ 中の位置演算子 $\widehat{\boldsymbol{x}}$ が基本状態 $\langle \boldsymbol{x}|$ に作用することにより, 固有値方程式 (5.6), (5.13), (5.14) を通じて固有値 $\boldsymbol{x}$ に置き換わる. したがっ て, $V(\boldsymbol{x})\langle \boldsymbol{x}|\psi(t)\rangle$ のように $V(\boldsymbol{x})$ をスカラー関数として括りだすことができ る. □

第 2 章で論じた確率の保存則について繰り返すことはしないが, 1 点のみ注意 しておこう. 粒子が消失しないとすれば, 例題 31 により $\langle \psi(t)|\psi(t)\rangle = 1$ がつ ねに成り立つ. すると, 例題 27 での議論を 3 次元空間に拡張することにより,

$$1 = \langle \psi(t)|\psi(t)\rangle = \int d^3x\,|\psi(\boldsymbol{x},t)|^2 \qquad (6.17)$$

と書ける.

本節の最後に, 一般的な時間発展を記述する式 (6.11) に戻り, ハミルトニア ン $\widehat{H}(t)$ が時間によらない場合の解を与えておこう. 以下, 本書を通して, ハ ミルトニアン $\widehat{H}$ は時間によらないものとして扱う. すると, 式 (6.11) の解の うち条件 (6.8) を満たすものは,

$$\widehat{U}(t,t_0) = e^{-i\frac{\widehat{H}(t-t_0)}{\hbar}} \qquad (6.18)$$

で与えられる. ここで, 右辺の指数関数は, テイラー展開 $e^x = \sum_{n=0}^{\infty}\frac{x^n}{n!}$ の x に演算子 $-i\frac{\widehat{H}(t-t_0)}{\hbar}$ を代入したものとして定義される.

120　　　　　　　　第 6 章　波動方程式の性質

例題 33

式 (6.18) が式 (6.11) の解であることを導け.

【解答例】　式 (6.18) を式 (6.11) の左辺に代入すると,

$$i\hbar \sum_{n=0}^{\infty} \frac{\partial}{\partial t} \frac{\left\{-i\frac{\widehat{H}(t-t_0)}{\hbar}\right\}^n}{n!} = \sum_{n=1}^{\infty} \widehat{H} \frac{\left\{-i\frac{\widehat{H}(t-t_0)}{\hbar}\right\}^{n-1}}{(n-1)!}$$

$$= \widehat{H} e^{-i\frac{\widehat{H}(t-t_0)}{\hbar}} \tag{6.19}$$

となり, 式 (6.11) を満たす[2].　　　　　　　　　　　　　　□

6.3　ハイゼンベルク表示

前節で, 時間発展を記述する基礎方程式, 即ちシュレーディンガー方程式が時間発展の演算子 $\widehat{U}(t, t_0)$ に対するいくつかの要請から導出された. ハミルトニアン $\widehat{H}$ が具体的に与えられれば, 原理的に系の状態 $|\psi(t)\rangle$ が時間とともにどのように変化するかがわかるのである. さらに, 基底 $\{|\psi_i\rangle\}$ が指定されれば, 系の状態を基本状態 $|\psi_i\rangle$ に見出す確率振幅 $\langle\psi_i|\psi(t)\rangle$ が得られ, 興味ある物理量 A (対応するエルミート演算子を $\widehat{A}$ と書く) が $\langle\psi(t)|\widehat{A}|\psi(t)\rangle$ を通じて時間とともにいかに変化するかがわかるのである.

実は, 上記の流れは**シュレーディンガー表示**と呼ばれる特定の表示に基づくものである. ある目的のためには, 確率振幅, エルミート演算子 $\widehat{A}$ の期待値に関して同じ結果を得るのに, 別の表示を用いるのが便利な場合がある. $\widehat{A}$ が陽に時間によらないとすると, シュレーディンガー表示において時間発展を担うのは, 状態ケット, 基本状態, エルミート演算子のうち, 状態ケットのみである. これに対し, 状態ケットは時間によらないとして, 基本状態, エルミート演算子を時間とともに変化させることにより, シュレーディンガー表示と同じ確率振幅と物理量の期待値が得られるのである.

まず, 期待値に関して, 式 (6.1) とその双対対応を用いて

---
[2] $\widehat{H}$ が陽に時間に依存する場合, 異なる時刻 t_1, t_2 に対して通常は $[\widehat{H}(t_1), \widehat{H}(t_2)] \neq 0$ となるため, 式 (6.18) は使えないことに注意しよう.

6.3 ハイゼンベルク表示

$$\langle\psi(t)|\widehat{A}|\psi(t)\rangle = \langle\psi(t_0)|\widehat{U}^\dagger(t,t_0)\widehat{A}\widehat{U}(t,t_0)|\psi(t_0)\rangle \tag{6.20}$$

と書けることに着目しよう．一方，確率振幅に対しては，

$$\langle\psi_i|\psi(t)\rangle = \langle\psi_i|\widehat{U}(t,t_0)|\psi(t_0)\rangle$$
$$= \langle\psi(t_0)|\widehat{U}^\dagger(t,t_0)|\psi_i\rangle^* \tag{6.21}$$

と書ける．ここで，1行目から2行目の変形においては，公式 (4.45) を用いた．簡単のため $t_0 = 0$ にとると，式 (6.20) と (6.21) を参照しつつ

$$\widehat{A}_{\mathrm{H}}(t) \equiv \widehat{U}^\dagger(t,0)\widehat{A}\widehat{U}(t,0), \tag{6.22}$$

$$|\psi(t)\rangle_{\mathrm{H}} \equiv |\psi(0)\rangle, \tag{6.23}$$

$$|\psi_i(t)\rangle_{\mathrm{H}} \equiv \widehat{U}^\dagger(t,0)|\psi_i\rangle \tag{6.24}$$

とおくことにより，新しい表示における期待値 $_{\mathrm{H}}\langle\psi(t)|\widehat{A}_{\mathrm{H}}(t)|\psi(t)\rangle_{\mathrm{H}}$，確率振幅 $_{\mathrm{H}}\langle\psi_i(t)|\psi(t)\rangle_{\mathrm{H}}$ ともに，シュレーディンガー表示と同じ結果が得られることがわかる．この新しい表示は，**ハイゼンベルク表示**と呼ばれる．

ここで，ハイゼンベルク表示の性質を表6.1 に記そう．比較のため，もともとの見方（シュレーディンガー表示）の性質も表6.2 に示しておく．

表6.1　ハイゼンベルク表示の性質

	$t_0 = 0$	$t\ (>0)$
基本状態 $\|\psi_i(t)\rangle_{\mathrm{H}}$	$\|\psi_i\rangle$	$\widehat{U}^\dagger(t,0)\|\psi_i\rangle$
状態ケット $\|\psi(t)\rangle_{\mathrm{H}}$	$\|\psi(0)\rangle$	$\|\psi(0)\rangle$
演算子 $\widehat{A}_{\mathrm{H}}(t)$	$\widehat{A}$	$\widehat{U}^\dagger(t,0)\widehat{A}\widehat{U}(t,0)$

表6.2　シュレーディンガー表示の性質

	$t_0 = 0$	$t\ (>0)$
基本状態	$\|\psi_i\rangle$	$\|\psi_i\rangle$
状態ケット	$\|\psi(0)\rangle$	$\|\psi(t)\rangle$
演算子	$\widehat{A}$	$\widehat{A}$

ここで，シュレーディンガー表示における時間発展演算子に対するシュレーディンガー方程式 (6.11) に等価なハイゼンベルク表示における演算子の時間発

122 第 6 章 波動方程式の性質

展の方程式，即ち**ハイゼンベルク方程式**を導出しよう．引き続き $\widehat{A}$ は陽に t によらないとすると，

$$
\begin{aligned}
\frac{d\widehat{A}_{\mathrm{H}}(t)}{dt} &= \frac{\partial \widehat{U}^{\dagger}(t,0)}{\partial t}\widehat{A}\widehat{U}(t,0) + \widehat{U}^{\dagger}(t,0)\widehat{A}\frac{\partial \widehat{U}(t,0)}{\partial t} \\
&= \left\{-\frac{1}{i\hbar}\widehat{U}^{\dagger}(t,0)\widehat{H}\right\}\widehat{A}\widehat{U}(t,0) + \widehat{U}^{\dagger}(t,0)\widehat{A}\left\{\frac{1}{i\hbar}\widehat{H}\widehat{U}(t,0)\right\} \\
&= \left\{-\frac{1}{i\hbar}\widehat{U}^{\dagger}(t,0)\widehat{H}\right\}\widehat{U}(t,0)\widehat{U}^{\dagger}(t,0)\widehat{A}\widehat{U}(t,0) \\
&\quad + \widehat{U}^{\dagger}(t,0)\widehat{A}\widehat{U}(t,0)\widehat{U}^{\dagger}(t,0)\left\{\frac{1}{i\hbar}\widehat{H}\widehat{U}(t,0)\right\} \\
&= \frac{1}{i\hbar}\left[\widehat{U}^{\dagger}(t,0)\widehat{A}\widehat{U}(t,0), \widehat{U}^{\dagger}(t,0)\widehat{H}\widehat{U}(t,0)\right]
\end{aligned}
\tag{6.25}
$$

が得られる．ここで，1 行目から 2 行目の変形ではシュレーディンガー方程式 (6.11) を，2 行目から 3 行目の変形では時間発展演算子 $\widehat{U}$ のユニタリ性を用いた．最後に，式 (6.22)，および式 (6.18) により $\widehat{H}$ と $\widehat{U}$ が可換であることを用いて，ハイゼンベルク方程式

$$
i\hbar\frac{d\widehat{A}_{\mathrm{H}}(t)}{dt} = \left[\widehat{A}_{\mathrm{H}}(t), \widehat{H}\right]
\tag{6.26}
$$

が導出される．

6.4 エーレンフェストの定理

一つの粒子に対するポテンシャル問題について，一見ニュートンの運動方程式とは全く性質の異なるシュレーディンガー方程式が，ニュートンの運動方程式と決して無縁ではないことを示そう．そのために，位置や運動量の期待値が運動方程式に従うこと，即ち**エーレンフェストの定理**を証明する[3]．その証明には，6.3 節で導入したハイゼンベルク表示を用いるのが便利である．

エーレンフェストの定理は，本章ですでに登場した式を用いて以下のように記すことができる．

---

[3] 両方程式の関係を調べるもう一つのアプローチとしては，ド・ブロイ波長が短い極限を考えるいわゆる半古典近似があるが，本書では詳しく扱わない．

6.4 エーレンフェストの定理

定理：ハミルトニアン $\widehat{H}$ が式 (6.14) で与えられるとき，式 (6.20) で与えられる物理量 A の期待値 $\langle\widehat{A}\rangle \equiv \langle\psi(t)|\widehat{A}|\psi(t)\rangle$ に対して，

$$m\frac{d^2\langle\widehat{\boldsymbol{x}}\rangle}{dt^2} = \frac{d\langle\widehat{\boldsymbol{p}}\rangle}{dt} = -\langle\boldsymbol{\nabla}V(\widehat{\boldsymbol{x}})\rangle \tag{6.27}$$

が成立する．

まず，定理の証明を試みよう．ここで，ハイゼンベルク表示を利用して期待値を記述するのが便利である．ハイゼンベルク方程式 (6.26) より，位置演算子の x 成分について，

$$i\hbar\frac{d\widehat{x}_{\mathrm{H}}}{dt} = [\widehat{x}_{\mathrm{H}}, \widehat{H}] \tag{6.28}$$

が成り立つ．ここで，ハミルトニアンが

$$\begin{aligned}
\widehat{H} &= \widehat{U}^{\dagger}(t,0)\widehat{H}\widehat{U}(t,0) \\
&= \frac{\widehat{\boldsymbol{p}}_{\mathrm{H}}^2}{2m} + V(\widehat{\boldsymbol{x}}_{\mathrm{H}})
\end{aligned} \tag{6.29}$$

と書けることに注意すると，

$$\begin{aligned}
[\widehat{x}_{\mathrm{H}}, \widehat{H}] &= \left[\widehat{x}_{\mathrm{H}}, \frac{\widehat{\boldsymbol{p}}_{\mathrm{H}}^2}{2m}\right] \\
&= \frac{1}{2m}\left([\widehat{x}_{\mathrm{H}}, \widehat{p}_{x,\mathrm{H}}]\,\widehat{p}_{x,\mathrm{H}} + \widehat{p}_{x,\mathrm{H}}\,[\widehat{x}_{\mathrm{H}}, \widehat{p}_{x,\mathrm{H}}]\right) \\
&= \frac{i\hbar\widehat{p}_{x,\mathrm{H}}}{m}
\end{aligned} \tag{6.30}$$

を得る．ここで，式 (6.30) の 1 行目から 2 行目の変形においては，

$$[\widehat{B}, \widehat{C}\widehat{D}] = [\widehat{B}, \widehat{C}]\,\widehat{D} + \widehat{C}\,[\widehat{B}, \widehat{D}] \tag{6.31}$$

（例題 35 参照）を，2 行目から 3 行目の変形においては，

$$[\widehat{x}_{\mathrm{H}}, \widehat{p}_{x,\mathrm{H}}] = i\hbar \tag{6.32}$$

（例題 36 参照）を用いた．

124　　　　　　　第6章　波動方程式の性質

── 例題 34 ──

式 (6.29) を示せ.

【解答例】　1行目内の変形は，式 (6.18) より $\widehat{H}$ と $\widehat{U}(t,0)$ が可換であることより明らかであり，2 行目の運動エネルギー項についても，$\widehat{p}_{x,\mathrm{H}}^2 = \widehat{U}^\dagger(t,0)\widehat{p}_x\widehat{U}(t,0)\widehat{U}^\dagger(t,0)\widehat{p}_x\widehat{U}(t,0) = \widehat{U}^\dagger(t,0)\widehat{p}_x^2\widehat{U}(t,0)$ より明らかである.
2行目の位置エネルギー項については，次式を示す必要がある.

$$V(\widehat{\boldsymbol{x}}_\mathrm{H}) = \widehat{U}^\dagger(t,0)V(\widehat{\boldsymbol{x}})\widehat{U}(t,0). \tag{6.33}$$

$V(\boldsymbol{x})$ が，粒子が存在しうる空間領域内の各点のまわりで高次までテイラー展開可能であるとすると，そのような点（原点にとる）のまわりで，

$$V(\boldsymbol{x}) = V(0) + \sum_i \frac{\partial V(0)}{\partial x_i} x_i + \frac{1}{2}\sum_{i,j}\frac{\partial^2 V(0)}{\partial x_i \partial x_j} x_i x_j + \cdots \tag{6.34}$$

と書ける. すると，次式が成り立つ.

$$\widehat{U}^\dagger(t,0)V(\widehat{\boldsymbol{x}})\widehat{U}(t,0)$$
$$= \widehat{U}^\dagger(t,0)\left\{ V(0) + \sum_i \frac{\partial V(0)}{\partial x_i}\widehat{x}_i + \frac{1}{2}\sum_{i,j}\frac{\partial^2 V(0)}{\partial x_i \partial x_j}\widehat{x}_i\widehat{x}_j + \cdots \right\}\widehat{U}(t,0)$$
$$= V(0) + \sum_i \frac{\partial V(0)}{\partial x_i}\widehat{U}^\dagger(t,0)\widehat{x}_i\widehat{U}(t,0)$$
$$\quad + \frac{1}{2}\sum_{i,j}\frac{\partial^2 V(0)}{\partial x_i \partial x_j}\widehat{U}^\dagger(t,0)\widehat{x}_i\widehat{U}(t,0)\widehat{U}^\dagger(t,0)\widehat{x}_j\widehat{U}(t,0) + \cdots$$
$$= V(0) + \sum_i \frac{\partial V(0)}{\partial x_i}\widehat{x}_{i,\mathrm{H}} + \frac{1}{2}\sum_{i,j}\frac{\partial^2 V(0)}{\partial x_i \partial x_j}\widehat{x}_{i,\mathrm{H}}\widehat{x}_{j,\mathrm{H}} + \cdots$$
$$= V(\widehat{\boldsymbol{x}}_\mathrm{H}). \tag{6.35} \square$$

── 例題 35 ──

式 (6.31) を示せ.

【解答例】　右辺が $(\widehat{B}\widehat{C} - \widehat{C}\widehat{B})\widehat{D} + \widehat{C}(\widehat{B}\widehat{D} - \widehat{D}\widehat{B}) = \widehat{B}\widehat{C}\widehat{D} - \widehat{C}\widehat{D}\widehat{B}$ と変形できることより明らか. 　　　　　　　　　　　　　　　　　　　　　　　　□

6.4 エーレンフェストの定理 **125**

── 例題 36 ──────────────────────────

式 (6.32) を示せ.

────────────────────────────────────

【解答例】

$$[\widehat{x}_\mathrm{H}, \widehat{p}_{x,\mathrm{H}}]$$
$$= \widehat{U}^\dagger(t,0)\widehat{x}\widehat{U}(t,0)\widehat{U}^\dagger(t,0)\widehat{p}_x\widehat{U}(t,0) - \widehat{U}^\dagger(t,0)\widehat{p}_x\widehat{U}(t,0)\widehat{U}^\dagger(t,0)\widehat{x}\widehat{U}(t,0)$$
$$= \widehat{U}^\dagger(t,0)[\widehat{x}, \widehat{p}_x]\widehat{U}(t,0) = i\hbar \tag{6.36}$$

より明らか. ここで, 最後の変形においては, 正準交換関係 (5.46) を用いた.

□

かくして, 式 (6.28), (6.30) より,

$$\frac{d\widehat{x}_\mathrm{H}}{dt} = \frac{\widehat{p}_{x,\mathrm{H}}}{m} \tag{6.37}$$

を得る. y 成分, z 成分に関しても全く同様であり, 以上をまとめて,

$$\frac{d\widehat{\boldsymbol{x}}_\mathrm{H}}{dt} = \frac{\widehat{\boldsymbol{p}}_\mathrm{H}}{m} \tag{6.38}$$

と書ける.

式 (6.38) をさらに時間で微分すると,

$$m\frac{d^2\widehat{\boldsymbol{x}}_\mathrm{H}}{dt^2} = \frac{d\widehat{\boldsymbol{p}}_\mathrm{H}}{dt}$$
$$= \frac{1}{i\hbar}\big[\widehat{\boldsymbol{p}}_\mathrm{H}, \widehat{H}\big] \tag{6.39}$$

を得る. ここで, 1 行目から 2 行目の変形においては, ハイゼンベルク方程式 (6.26) を用いた. 他方,

$$\big[\widehat{p}_{x,\mathrm{H}}, \widehat{H}\big] = \big[\widehat{p}_{x,\mathrm{H}}, V(\widehat{\boldsymbol{x}}_\mathrm{H})\big]$$
$$= \left[\widehat{p}_{x,\mathrm{H}}, V(0) + \sum_i \frac{\partial V(0)}{\partial x_i}\widehat{x}_{i,\mathrm{H}} + \frac{1}{2}\sum_{i,j}\frac{\partial^2 V(0)}{\partial x_i \partial x_j}\widehat{x}_{i,\mathrm{H}}\widehat{x}_{j,\mathrm{H}} + \cdots\right]$$
$$= [\widehat{p}_{x,\mathrm{H}}, \widehat{x}_\mathrm{H}]\left\{\frac{\partial V(0)}{\partial x} + \sum_j \frac{\partial^2 V(0)}{\partial x_j \partial x}\widehat{x}_{j,\mathrm{H}} + \cdots\right\}$$

126　　　　第 6 章　波動方程式の性質

$$= -i\hbar \frac{\partial V(\widehat{\boldsymbol{x}}_{\mathrm{H}})}{\partial x} \tag{6.40}$$

が成り立つ．ここで，2 行目から 3 行目の変形においては公式 (6.31) を，3 行目から 4 行目の変形においては正準交換関係 (6.32)，およびテイラー展開形 (6.34) の x に関する偏微分，即ち，

$$\frac{\partial V(\boldsymbol{x})}{\partial x} = \frac{\partial V(0)}{\partial x} + \sum_j \frac{\partial^2 V(0)}{\partial x_j \partial x} x_j + \cdots \tag{6.41}$$

を用いた．

　かくして，式 (6.39), (6.40) より，

$$m \frac{d^2 \widehat{x}_{\mathrm{H}}}{dt^2} = -\frac{\partial V(\widehat{\boldsymbol{x}}_{\mathrm{H}})}{\partial x} \tag{6.42}$$

を得る．y 成分，z 成分に関しても全く同様であり，以上をまとめて，

$$m \frac{d^2 \widehat{\boldsymbol{x}}_{\mathrm{H}}}{dt^2} = -\boldsymbol{\nabla} V(\widehat{\boldsymbol{x}}_{\mathrm{H}}) \tag{6.43}$$

と書ける．

　最後に，式 (6.43) で書かれた演算子に関する方程式に，初期の状態 $|\psi(0)\rangle$ で期待値をとると，$\langle\psi(0)|\widehat{A}_{\mathrm{H}}|\psi(0)\rangle = \langle\psi(t)|\widehat{A}|\psi(t)\rangle$ および式 (6.35) に注意して，式 (6.27) が再現される（証明終）．

　本節をしめくくるにあたり，上述のように導かれたエーレンフェストの定理に関して，いくつか注意しておきたい点を整理しよう．位置基底のもと，シュレーディンガー表示を用いることにより，式 (6.27) を得ることもできる．数学的には少々煩雑となるが，証明は演習問題に委ねたい．また，エーレンフェストの定理の意味するところを与えておこう．5.1 節でも述べたように，粒子の位置が決まらないまでもある程度どのあたりにいるかの見当がついているとしよう．すると，不確定性関係により運動量にも不定性があるため，それぞれの運動量に対応するド・ブロイ波長をもつ波同士が重なり合うことで，波束ができる．証明の中途にでてきた式 (6.38) は，まさにこの波束の中心速度が，運動エネルギーの運動量による微分，即ち群速度により与えられることを示唆する．そして，式 (6.27) によれば，波束の中心の運動は古典的な運動方程式に従うのである．波束全体の運動は完全に量子力学によって支配されているにもかかわらずである．

6.5 定 常 状 態

6.2 節において，ハミルトニアン (6.14) に対する時間に依存するシュレーディンガー方程式 (6.15) を書き下した．これらは，3 次元の位置基底を想定したものであるが，ここでは簡単のため，1 次元の位置基底を考えよう．

そこで，ハミルトニアンを

$$\widehat{H} = \frac{\widehat{p}^2}{2m} + V(\widehat{x}) \tag{6.44}$$

と，シュレーディンガー方程式を

$$i\hbar \frac{\partial}{\partial t} \psi(x,t) = \left\{ -\frac{\hbar^2}{2m} \frac{\partial^2}{\partial x^2} + V(x) \right\} \psi(x,t) \tag{6.45}$$

と書こう．すると，偏微分方程式を数学的に解くには，解を変数分離された形 $f(x)g(t)$ におき，実際にその解をすべて求め，それらを境界条件や初期条件に合うように重ね合わせればよい．同じことをより物理的に見通しのよい形で実践できないであろうか．そのためにまず，4.5 節に立ちかえり，ハミルトニアン $\widehat{H}$ の固有値方程式

$$\widehat{H} |\psi_n\rangle = E_n |\psi_n\rangle \tag{6.46}$$

を考えよう．ここで n は**量子数**と呼ばれる．固有値 E_n は，固有値分布が離散的な場合に適切な表現であるが，ここでは連続的な場合も含めて考えることとする．固有値方程式 (6.46) を満足する固有状態 $|\psi_n\rangle$ を余すことなく求めると，それらの集合 $\{|\psi_n\rangle\}$ は一つの基底を構成する．固有状態 $|\psi_n\rangle$ が x の位置に見出される確率振幅 $\psi_n(x) \equiv \langle x|\psi_n\rangle$ は**固有波動関数**と呼ばれるが，これは確率の情報を与えるのみならず，4.8 節で見たように，基底の変換をも担う．ここで，$[\widehat{x}, \widehat{H}] \neq 0$ であるため，位置とハミルトニアンは同時固有状態をもたないことに注意しよう．ちなみに $V = 0$ の場合は，$\{|\psi_n\rangle\}$ は運動量基底にとることができる．その場合の固有波動関数は式 (5.55) で与えられる．

基底 $\{|\psi_n\rangle\}$ を用いると，式 (6.45) を満たす波動関数 $\psi(x,t)$ を次のように展開することができる．即ち，

$$\psi(x,t) = \langle x|\psi(t)\rangle$$

$$= \langle x|\widehat{U}(t,0)|\psi(0)\rangle$$

$$= \sum_{k,n} \langle x|\psi_k\rangle\langle\psi_k|\widehat{U}(t,0)|\psi_n\rangle\langle\psi_n|\psi(0)\rangle$$

$$= \sum_{k,n} \langle x|\psi_k\rangle e^{-i\frac{E_n t}{\hbar}}\langle\psi_k|\psi_n\rangle\langle\psi_n|\psi(0)\rangle$$

$$= \sum_{k} e^{-i\frac{E_k t}{\hbar}}\psi_k(x)\langle\psi_k|\psi(0)\rangle \tag{6.47}$$

と書ける．なお，2 行目から 3 行目の変形においては重ね合わせの原理 (4.37)，3 行目から 4 行目の変形においては式 (6.18)，4 行目から 5 行目の変形においては規格直交条件 (4.10) を用いた．$c_k \equiv \langle\psi_k|\psi(0)\rangle$ として，この展開形 (6.47) をシュレーディンガー方程式 (6.45) に代入すると，次を得る．

$$\sum_k c_k e^{-i\frac{E_k t}{\hbar}} E_k \psi_k(x) = \sum_k c_k e^{-i\frac{E_k t}{\hbar}}\left\{-\frac{\hbar^2}{2m}\frac{d^2\psi_k(x)}{dx^2} + V(x)\psi_k(x)\right\}.$$

$$\tag{6.48}$$

ここで，ある n に対し，固有波動関数 $\psi_n(x)$ を求めるべく，初期の時刻において $c_k = \delta_{kn}$ が成り立つとしよう．すると，式 (6.47) より，波動関数 $\psi(x,t)$ は，

$$\psi(x,t) = e^{-i\frac{E_n t}{\hbar}}\psi_n(x) \tag{6.49}$$

のように変数分離される．確率 $|\psi(x,t)|^2 = |\psi_n(x)|^2$ は明らかに時間によらない．したがって，対応する状態 $|\psi(t)\rangle$ は**定常状態**と呼ばれる．残る問題は，$\psi_n(x)$ を具体的に求めることである．そのために，微分方程式 (6.48) において $c_k = \delta_{kn}$ を代入することにより，

$$\left\{-\frac{\hbar^2}{2m}\frac{d^2}{dx^2} + V(x)\right\}\psi_n(x) = E_n\psi_n(x) \tag{6.50}$$

を得る．この微分方程式は，任意の量子数 n に対し，固有状態が満たすべき方程式である．そこで式 (6.50) から n を外し，適切な境界条件のもとで固有波動関数 $\psi_n(x)$，エネルギー固有値 E_n の解を与える微分方程式を

$$\left\{-\frac{\hbar^2}{2m}\frac{d^2}{dx^2} + V(x)\right\}\psi(x) = E\psi(x) \tag{6.51}$$

と書く．これは歴史的には**時間に依存しない波動方程式**と呼ばれるものである．

6.6 調和振動子再考　　**129**

───　例題 37　───

　式 (6.50) は，ハミルトニアンの固有値方程式 (6.46) より直接導出でき
ることを示せ.

【解答例】　式 (6.46) に左から $\langle x|$ を作用させることにより，

$$\langle x|\widehat{H}|\psi_n\rangle = E_n\langle x|\psi_n\rangle \tag{6.52}$$

を得る. 左辺が式 (6.50) の左辺と一致することを見るには，3 次元のポテン
シャル問題に対して与えられた例題 32 の解答例を，ハミルトニアン (6.44) に
対して繰り返せばよい. □

6.6　調和振動子再考

　2.4 節において，1 次元ポテンシャル問題の重要な例として調和振動子ポテ
ンシャルを扱い，対応するエネルギー固有値・固有波動関数が厳密に与えられ
ることを見た. ここでは，位置演算子，運動量演算子を重ね合わせて構成され
る**生成消滅演算子**と呼ばれる新たな演算子を用いて，同一の解を与えられるこ
とを示す. 2.4 節では，古典物理学の範囲で記述される単振動の解を再現する
までには至らなかったが，生成消滅演算子を用いることにより，再現が可能と
なるのである. さらに，この手法は，多粒子系や相対論的な系を扱う際に頻繁
に用いられる場の理論の基礎を与えるものである.

　まず，生成消滅演算子を定義しよう. エルミート演算子である位置演算子 $\widehat{x}$,
運動量演算子 $\widehat{p}$ を重ね合わせて作られる演算子

$$\widehat{a} = \sqrt{\frac{m\omega}{2\hbar}}\left(\widehat{x} + \frac{i\widehat{p}}{m\omega}\right) \tag{6.53}$$

を**消滅演算子**と呼ぶ. $\widehat{a}$ は虚数の係数を含むため，エルミート演算子ではない
ことに注意しよう. すると，そのエルミート共役 $\widehat{a}^\dagger$

$$\widehat{a}^\dagger = \sqrt{\frac{m\omega}{2\hbar}}\left(\widehat{x} - \frac{i\widehat{p}}{m\omega}\right) \tag{6.54}$$

は $\widehat{a}$ とは異なる演算子であり，これを**生成演算子**と呼ぶ.

130   第 6 章 波動方程式の性質

　これらの係数のとり方には意味がある. 実際, 生成消滅演算子間の交換子をとると

$$[\widehat{a}, \widehat{a}^{\dagger}] = 1 \tag{6.55}$$

が得られるが, 右辺が 1 となることが重要となる.

例題 38

　式 (6.55) を示せ.

【解答例】
$$[\widehat{a}, \widehat{a}^{\dagger}] = \frac{m\omega}{2\hbar}\left[\widehat{x} + \frac{i\widehat{p}}{m\omega}, \widehat{x} - \frac{i\widehat{p}}{m\omega}\right]$$
$$= \frac{i}{2\hbar}\left(-[\widehat{x}, \widehat{p}] + [\widehat{p}, \widehat{x}]\right) = 1 \tag{6.56}$$

より明らか. ここで, 最後の変形では, 正準交換関係 (5.30) を用いた. 　　□

　次に, **個数演算子** $\widehat{N} = \widehat{a}^{\dagger}\widehat{a}$ を定義する. $\widehat{N}$ はエルミート演算子となることに注意しよう. 実際, $(\widehat{a}^{\dagger}\widehat{a})^{\dagger} = \widehat{a}^{\dagger}(\widehat{a}^{\dagger})^{\dagger} = \widehat{a}^{\dagger}\widehat{a}$ となる. すると,

$$\widehat{N} = \frac{m\omega}{2\hbar}\left(\widehat{x} - \frac{i\widehat{p}}{m\omega}\right)\left(\widehat{x} + \frac{i\widehat{p}}{m\omega}\right)$$
$$= \frac{m\omega}{2\hbar}\left(\widehat{x}^2 + \frac{\widehat{p}^2}{m^2\omega^2}\right) + \frac{i}{2\hbar}[\widehat{x}, \widehat{p}]$$
$$= \frac{\widehat{H}}{\hbar\omega} - \frac{1}{2} \tag{6.57}$$

と変形できる. ここで, $\widehat{H}$ はハミルトニアン (6.44) においてポテンシャル (2.64) を代入したものである. かくして, ハミルトニアンは個数演算子を用いて次のように書けるのである.

$$\widehat{H} = \hbar\omega\left(\widehat{N} + \frac{1}{2}\right). \tag{6.58}$$

　式 (6.58) からすぐにわかることは, $\widehat{H}$ と $\widehat{N}$ が可換, 即ち

$$[\widehat{H}, \widehat{N}] = 0 \tag{6.59}$$

となることである. すると, これらは同時固有状態をもつことになる. ここでは, $\widehat{N}$ に対する固有値方程式

6.6 調和振動子再考 **131**

$$\widehat{N}|n\rangle = n|n\rangle \tag{6.60}$$

を用いて,

$$\widehat{H}|n\rangle = \hbar\omega\left(n + \frac{1}{2}\right)|n\rangle \tag{6.61}$$

と書くことができる. ここで, $\langle n_1|n_2\rangle = \delta_{n_1 n_2}$ が成り立つとする. $\widehat{H}$ の固有状態 (エネルギー固有状態) が縮退しないことは2.4節において見たが, $|n\rangle$ がそのままエネルギー固有状態に対応することは, 4.7節中の定理の証明において, 縮退のない場合 (i) で論じた内容と符合する.

式 (6.61) だけを見て, エネルギー固有値 (2.82) が再現されたと考えるのは早計である. 再現されたことを示すためには, n が自然数しかとれないことを確認する必要がある. そこで, n のとりうる値を見定めるべく,

$$[\widehat{N}, \widehat{a}] = -\widehat{a}, \tag{6.62}$$

$$[\widehat{N}, \widehat{a}^\dagger] = \widehat{a}^\dagger \tag{6.63}$$

が成り立つことに注意しよう.

例題 39

式 (6.62), (6.63) を示せ.

【解答例】 公式 (6.31) において交換子を逆にして得られる関係

$$[\widehat{C}\widehat{D}, \widehat{B}] = [\widehat{C}, \widehat{B}]\widehat{D} + \widehat{C}[\widehat{D}, \widehat{B}] \tag{6.64}$$

を用いて式 (6.62), (6.63) の左辺を変形していくと,

$$\begin{aligned}
[\widehat{N}, \widehat{a}] &= [\widehat{a}^\dagger \widehat{a}, \widehat{a}] \\
&= [\widehat{a}^\dagger, \widehat{a}]\widehat{a} + \widehat{a}^\dagger [\widehat{a}, \widehat{a}] \\
&= -\widehat{a}, \tag{6.65}
\end{aligned}$$

$$\begin{aligned}
[\widehat{N}, \widehat{a}^\dagger] &= [\widehat{a}^\dagger \widehat{a}, \widehat{a}^\dagger] \\
&= [\widehat{a}^\dagger, \widehat{a}^\dagger]\widehat{a} + \widehat{a}^\dagger [\widehat{a}, \widehat{a}^\dagger] \\
&= \widehat{a}^\dagger \tag{6.66}
\end{aligned}$$

を得る. ここで, 双方最後の変形においては, 式 (6.55) を用いた. $\quad\square$

132　　第 6 章　波動方程式の性質

式 (6.62), (6.63) で表される演算子を固有状態 $|n\rangle$ に作用させると,

$$[\widehat{N}, \widehat{a}]|n\rangle = -\widehat{a}|n\rangle, \tag{6.67}$$

$$[\widehat{N}, \widehat{a}^\dagger]|n\rangle = \widehat{a}^\dagger|n\rangle \tag{6.68}$$

が得られる. 双方左辺を固有値方程式 (6.60) を用いて変形し,

$$[\widehat{N}, \widehat{a}]|n\rangle = \widehat{N}(\widehat{a}|n\rangle) - \widehat{a}(\widehat{N}|n\rangle) = \widehat{N}(\widehat{a}|n\rangle) - n(\widehat{a}|n\rangle), \tag{6.69}$$

$$[\widehat{N}, \widehat{a}^\dagger]|n\rangle = \widehat{N}(\widehat{a}^\dagger|n\rangle) - \widehat{a}^\dagger(\widehat{N}|n\rangle) = \widehat{N}(\widehat{a}^\dagger|n\rangle) - n(\widehat{a}^\dagger|n\rangle) \tag{6.70}$$

となることに注意すると,

$$\widehat{N}(\widehat{a}|n\rangle) = (n-1)(\widehat{a}|n\rangle), \tag{6.71}$$

$$\widehat{N}(\widehat{a}^\dagger|n\rangle) = (n+1)(\widehat{a}^\dagger|n\rangle) \tag{6.72}$$

が得られる. この関係は, 以下の比例関係を示唆するのである.

$$\widehat{a}|n\rangle \propto |n-1\rangle, \tag{6.73}$$

$$\widehat{a}^\dagger|n\rangle \propto |n+1\rangle. \tag{6.74}$$

比例関係 (6.73) から n が自然数しかとれないことを導こう. そのためにまず,

$$n = \langle n|\widehat{N}|n\rangle$$
$$= \langle n|\widehat{a}^\dagger\widehat{a}|n\rangle = \left((\langle n|\widehat{a}^\dagger)(\widehat{a}|n\rangle\right) \geq 0 \tag{6.75}$$

となることに注意する. ここで, 最後の不等式において, ケット $\widehat{a}|n\rangle$ とブラ $\langle n|\widehat{a}^\dagger$ が式 (4.44) と式 (4.41) の関係, 即ち互いに双対対応の関係にあること, およびノルム (4.33) が一般に正の実数となることを用いた. ケット $\widehat{a}|n\rangle$ 自体がゼロとなる可能性があるため, ノルムはゼロとなる可能性があることに注意しよう.

次に, 不等式 (6.75) を用いて n が自然数であることを背理法により示そう. n が自然数ではない正の実数とする. 小数点以下を切り上げてできる自然数を $\overline{n}$ とすると, 式 (6.73) より,

$$(\widehat{a})^{\overline{n}}|n\rangle \propto |n-\overline{n}\rangle \tag{6.76}$$

を得る. すると, 右辺のノルムは式 (6.75) の 1 行目より $n-\overline{n}$ となるが, これは定義より負となる. これはノルムがゼロ以上であることと矛盾する. したがって, n は自然数とならざるを得ないのである.

6.6 調和振動子再考

例題 40

式 (6.76) を示せ.

【解答例】 まず，式 (6.76) の左辺は，$|n\rangle$ に消滅演算子を $\bar{n}$ 回作用させてできる状態であることに注意しよう．式 (6.73) に消滅演算子を一つ左から作用させると，

$$\hat{a}\hat{a}|n\rangle \propto \hat{a}|n-1\rangle \propto |n-2\rangle \tag{6.77}$$

が成り立つ．同様の手続きを繰り返すことにより，式 (6.76) の関係が得られる．このように，個数演算子の固有値 n が消滅演算子とともに一つずつ減っていく様子は，図 6.1 のように数直線上で示すとわかりやすい．

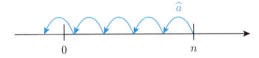

図 6.1 消滅演算子の作用（n が自然数ではないとき）

以上の議論により，エネルギー固有値 (2.82) が再現されたわけだが，改めて n の意味を考えることは有益である．n は自然数であるから，何らかの個数を表すと考えられないであろうか．そこで，エネルギー固有値の形から，エネルギー $\hbar\omega$ をもつ振動量子の数と考えよう．すると，$|n\rangle$ は振動量子が n 個ある状態とみなせるだろう．また，その数を一つずつ増減させるのが，生成演算子・消滅演算子の役割ということになる．この立場から，式 (6.76) において $\bar{n}=n$ という正しい関係を代入したもの，即ち

$$(\hat{a})^n|n\rangle \propto |0\rangle \tag{6.78}$$

を改めて見直そう．この式は振動量子が n 個ある状態に n 回消滅演算子を作用させると，振動量子が 0 個，即ち基底状態が得られることを意味する．基底状態にさらに消滅演算子を作用させても対応する状態は存在しない，即ち

$$\hat{a}|0\rangle = 0 \tag{6.79}$$

が得られる．

式 (6.75) から，比例式 (6.73) の比例係数を求めることも容易である．比例係数は非負の実数にとるのが通例である．すると，

134　　　　　　　　第 6 章　波動方程式の性質

$$\hat{a}|n\rangle = \sqrt{n}\,|n-1\rangle \tag{6.80}$$

のように比例係数をとれば，式 (6.75) が満たされることになる[4]．実際，$\big(\langle n|\hat{a}^\dagger\big)$ $\big(\hat{a}|n\rangle\big) = n\langle n-1|n-1\rangle$ から式 (6.80) が成り立つことは明らかである．ちなみに比例係数に任意の位相因子をかけてもよく，この場合も式 (6.75) が満たされることに注意しておく．同様に，比例式 (6.74) の非負実数の比例係数も，次のように求めることができる．

$$\hat{a}^\dagger|n\rangle = \sqrt{n+1}\,|n+1\rangle. \tag{6.81}$$

── 例題 41 ─────────────────────────

式 (6.81) が成り立つことを示せ．

【解答例】　交換関係 (6.55) に，左から $\langle n|$ を，右から $|n\rangle$ を作用させると，

$$\langle n|\hat{a}\hat{a}^\dagger|n\rangle = \langle n|\hat{a}^\dagger\hat{a}|n\rangle + 1$$
$$= n+1 \tag{6.82}$$

が得られる．最後の変形には，式 (6.75) を用いた．一方，式 (6.81) のように比例係数をとれば $\big(\langle n|\hat{a}\big)\big(\hat{a}^\dagger|n\rangle\big) = (n+1)\langle n+1|n+1\rangle$ が成り立つため，式 (6.82) が満たされることになる．　　　　　　　　　　　　　　　　□

ここで，2.4 節で求めた固有波動関数 (2.87) を，生成消滅演算子を用いて再度求めてみよう．実際，位置基底で固有状態 $|n\rangle$ を表現すると，

$$\psi_n(x) = \langle x|n\rangle \tag{6.83}$$

とみなすことにより，式 (2.87) が再現されることがわかる．再現性を確認するにはまず，式 (6.79) を利用するとよい．式 (6.79) に左から $\langle x|$ を作用させることにより，

$$\langle x|\hat{a}|0\rangle = 0 \tag{6.84}$$

を得る．消滅演算子の定義 (6.53) を代入すると，

---

[4] 式 (6.80) より比例係数が一般にゼロではないことがわかった訳だが，この事実により，例題 40 の議論の前提，即ち $|n\rangle$ に消滅演算子を $\bar{n}$ 回未満作用させてできる状態の存在を同時に確認できたことになる．

6.6 調和振動子再考

$$\langle x| \left(\widehat{x} + \frac{i\widehat{p}}{m\omega} \right) |0\rangle = 0, \tag{6.85}$$

さらに，位置基底における運動量演算子 (5.44) を用いて，

$$\left(x + \frac{\hbar}{m\omega} \frac{d}{dx} \right) \psi_0(x) = 0 \tag{6.86}$$

という変数分離形の常微分方程式が得られる．その解は

$$\psi_0(x) \propto e^{-\frac{m\omega x^2}{2\hbar}} \tag{6.87}$$

となり，基底状態（$n = 0$）に対する式 (2.87) の形と一致するのである．

では，励起状態の再現性はどうであろうか．その確認には生成演算子が役立つ．第 1 励起状態（$n = 1$）に対しては，

$$
\begin{aligned}
\psi_1(x) &= \langle x|1\rangle \\
&= \langle x|\widehat{a}^\dagger|0\rangle \\
&= \sqrt{\frac{m\omega}{2\hbar}} \left(x - \frac{\hbar}{m\omega} \frac{d}{dx} \right) \psi_0(x) \\
&\propto x e^{-\frac{m\omega x^2}{2\hbar}}
\end{aligned}
\tag{6.88}
$$

のように，$\psi_0(x)$ の微分を実行するだけで固有関数を求めることができる．ここで，1 行目から 2 行目への変形においては式 (6.81) を，2 行目から 3 行目への変形においては生成演算子の定義 (6.54) を，3 行目から 4 行目への変形においては位置基底における運動量演算子 (5.44) を用いた．同様に，一般の第 n 励起状態に対しては，

$$
\begin{aligned}
\psi_n(x) &= \langle x|n\rangle \\
&\propto \langle x|\left(\widehat{a}^\dagger\right)^n|0\rangle \\
&= \left(\frac{m\omega}{2\hbar} \right)^{\frac{n}{2}} \left(x - \frac{\hbar}{m\omega} \frac{d}{dx} \right)^n \psi_0(x)
\end{aligned}
\tag{6.89}
$$

のように，$\psi_0(x)$ の微分を n 回実行するだけで固有関数を求めることができるのである．

この節の最後に，**コヒーレント状態**，即ち古典的な調和振動子の運動の記述に役立つ状態を構築しよう．2.4 節でも論じたように，$\hbar \to 0$ において $n \neq 0$

136　　　　　　第6章　波動方程式の性質

（励起状態）でもエネルギー固有値 E_n がゼロに落ち込むため，系にエネルギーを与えれば粒子が単振動を行うという古典的描像を再現することができない．そこで，消滅演算子の固有状態，即ち固有値方程式

$$\hat{a}|\lambda\rangle = \lambda|\lambda\rangle \tag{6.90}$$

の解を求めよう．この状態を構築するには，式 (6.80) より，無数の $|n\rangle$ を重ね合わせる必要があることは明らかである．実際このような解は存在し，位置基底のもとで，

$$\langle x|\lambda\rangle = C\exp\left\{-\frac{m\omega}{2\hbar}(x-x_0)^2\right\} \tag{6.91}$$

のように与えられる．ここで，x_0 はある実数であり，例題 42 で見るように λ と関係する．C は規格化因子であるが，これを正の実数とした場合，$\langle\lambda|\lambda\rangle = 1$ より

$$C = \left(\frac{m\omega}{\pi\hbar}\right)^{\frac{1}{4}} \tag{6.92}$$

ととれる．$|\lambda\rangle$ はコヒーレント状態と呼ばれる．この状態は，基底状態 $\langle x|0\rangle$ を x_0 だけずらした状態，即ち $\langle x-x_0|0\rangle$ に相当することに注意しよう．

── 例題 42 ─────

　式 (6.91) が固有値方程式 (6.90) を満たすことを示せ．

【解答例】

$$
\begin{aligned}
\langle x|\hat{a}|\lambda\rangle &= \sqrt{\frac{m\omega}{2\hbar}}\langle x|\left(\hat{x} + \frac{i\hat{p}}{m\omega}\right)|\lambda\rangle \\
&= \sqrt{\frac{m\omega}{2\hbar}}\left(x + \frac{\hbar}{m\omega}\frac{d}{dx}\right)\langle x|\lambda\rangle \\
&= \sqrt{\frac{m\omega}{2\hbar}}\,x_0\langle x|\lambda\rangle \tag{6.93}
\end{aligned}
$$

より，式 (6.91) は固有値 $\lambda = \sqrt{\frac{m\omega}{2\hbar}}\,x_0$ の固有状態に相当する．ここで，1 行目内の変形においては消滅演算子の定義 (6.53) を，1 行目から 2 行目の変形においては位置基底における運動量演算子 (5.44) を用いた．　　　　□

6.6 調和振動子再考 **137**

古典極限（$\hbar \to 0$）をとると，コヒーレント状態 (6.91) を位置 x に見出す確率は，

$$|\langle x|\lambda\rangle|^2 \to \delta(x - x_0) \tag{6.94}$$

となるのである．これは，$x = x_0$ に静止した粒子に相当する．

── 例題 43 ──────────────

式 (6.94) を示せ．

【解答例】 コヒーレント状態は位置基底のもとではガウス波束のようにふるまう．$\hbar \to 0$ とすると，波束の幅は消失するため，デルタ関数 $\delta(x - x_0)$ のようにふるまうことは明らかである．一方，デルタ関数は $-\infty$ から ∞ まで積分すれば 1 となるが，$|\langle x|\lambda\rangle|^2$ は $\hbar \to 0$ の極限をとるまでもなく，$-\infty$ から ∞ まで積分をとれば 1 となることがわかる．実際，ガウス積分の公式を用いれば，

$$\int_{-\infty}^{\infty} dx\, |\langle x|\lambda\rangle|^2 = |C|^2 \sqrt{\frac{\pi\hbar}{m\omega}} \tag{6.95}$$

となるため，式 (6.92) より右辺は 1 となる． $\square$

では，古典力学が記述する単振動を再現できるであろうか．再現のためにはコヒーレント状態の時間依存性を考える必要があるが，そのためにまず，コヒーレント状態 (6.91) が $|n\rangle$ の重ね合わせで表現できることに注意することが重要である．グラウバー (Glauber) により見出された結論によれば，

$$|\lambda\rangle = \sum_n f(n)|n\rangle \tag{6.96}$$

とすると，

$$|f(n)|^2 = \frac{n_0^n}{n!}\, e^{-n_0} \tag{6.97}$$

のようなポアソン分布をもつ．ここで，n_0 は n の平均値に相当し，x_0 と $n_0 = \lambda^2$ を介して関連する．以下，$f(n)$ を正の実数にとる．

138　　　　　　　　　第 6 章　波動方程式の性質

--- 例題 44 ---

コヒーレント状態を表す 2 式 (6.91), (6.96) は等価であることを示せ.

【解答例】　位置基底のもと, 式 (6.91) は基底状態の波動関数を x_0 だけ平行移動させたものであることを思い出そう. また, 5.2 節で論じたように, 無限小平行移動の演算子 $\widehat{U}(dx)$ は式 (5.35) で表される. 有限の距離 x_0 の平行移動を表す演算子 $\widehat{U}(x_0)$ が

$$\widehat{U}(x_0) = e^{-\frac{i\hat{p}x_0}{\hbar}} \tag{6.98}$$

と与えられることは, 時間に依存しないハミルトニアンに対する時間発展の演算子が式 (6.18) によって表されることからも明らかである. 運動量演算子は生成消滅演算子を用いて

$$\hat{p} = \frac{\sqrt{2m\hbar\omega}}{2i}\left(\hat{a} - \hat{a}^\dagger\right) \tag{6.99}$$

と表されることに注意すると,

$$\widehat{U}(x_0) = e^{-\lambda(\hat{a} - \hat{a}^\dagger)} \tag{6.100}$$

と表現される. したがって,

$$
\begin{aligned}
\langle x|\lambda\rangle &= \langle x|\widehat{U}(x_0)|0\rangle \\
&= e^{-\frac{\lambda^2}{2}}\langle x|e^{\lambda\hat{a}^\dagger}e^{-\lambda\hat{a}}|0\rangle \\
&= e^{-\frac{\lambda^2}{2}}\sum_n \frac{\lambda^n}{n!}\langle x|(\hat{a}^\dagger)^n|0\rangle \\
&= e^{-\frac{\lambda^2}{2}}\sum_n \frac{\lambda^n}{\sqrt{n!}}\langle x|n\rangle
\end{aligned}
\tag{6.101}
$$

が得られる. ここで, 1 行目から 2 行目の変形において, $[\widehat{A}, [\widehat{A}, \widehat{B}]] = [\widehat{B}, [\widehat{A}, \widehat{B}]] = 0$ を満たす任意の演算子 $\widehat{A}$, $\widehat{B}$ に対して成り立つベイカー–キャンベル–ハウスドルフ (Baker–Campbell–Hausdorff) の公式（証明は章末問題を参照.）

$$e^{\widehat{A}+\widehat{B}} = e^{\widehat{A}}e^{\widehat{B}}e^{-\frac{1}{2}[\widehat{A},\widehat{B}]} \tag{6.102}$$

と式 (6.55) を, 2 行目から 3 行目の変形においてはテイラー展開と式 (6.79) を, 3 行目から 4 行目の変形においては式 (6.81) を用いた. かくして, 式 (6.91) は式 (6.96) に帰することがわかる.　　　　　　　　　　　　　　　　　　　□

6.6 調和振動子再考

ここで，単振動のふるまいを見るために，状態 $|n\rangle$ に付随する時間発展の因子を挿入しよう．式 (6.47) に従えば，

$$|\lambda(t)\rangle = \sum_n f(n) e^{-\frac{iE_n t}{\hbar}} |n\rangle \tag{6.103}$$

のように書ける．ここでエネルギー固有値としては，式 (2.82) を用いる．古典極限（$\hbar \to 0$）をとると，コヒーレント状態 (6.103) を位置 x に見出す確率は，

$$|\langle x|\lambda(t)\rangle|^2 \to \delta(x - x_0 \cos \omega t) \tag{6.104}$$

となるのである．これは，x_0 の振幅で原点のまわりに単振動する粒子の古典解に相当する．

例題 45

式 (6.104) を示せ．

【解答例】 式 (6.103) より，

$$
\begin{aligned}
\langle x|\lambda(t)\rangle &= e^{-\frac{i\omega t}{2}} e^{-\frac{\lambda^2}{2}} \sum_n \frac{(\lambda e^{-i\omega t})^n}{\sqrt{n!}} \langle x|n\rangle \\
&= e^{-\frac{i\omega t}{2}} e^{-\frac{\lambda^2}{2}} \sum_n \frac{(\lambda e^{-i\omega t})^n}{n!} \langle x|(\widehat{a}^\dagger)^n|0\rangle \\
&= e^{-\frac{i\omega t}{2}} e^{-\frac{\lambda^2}{2}} \langle x|e^{\lambda e^{-i\omega t}\widehat{a}^\dagger} e^{-\lambda e^{i\omega t}\widehat{a}}|0\rangle \\
&= e^{-\frac{i\omega t}{2}} \langle x|e^{-\lambda(\widehat{a}e^{i\omega t}-\widehat{a}^\dagger e^{-i\omega t})}|0\rangle \\
&= e^{-\frac{i\omega t}{2}} \langle x|e^{-\frac{i(m\omega x_0 \widehat{x}\sin\omega t+\widehat{p}x_0\cos\omega t)}{\hbar}}|0\rangle \\
&= e^{-\frac{i\omega t}{2}} e^{\frac{im\omega x_0^2 \sin 2\omega t}{4\hbar}} \langle x|e^{-\frac{im\omega x_0 \widehat{x}\sin\omega t}{\hbar}} e^{-\frac{i\widehat{p}x_0\cos\omega t}{\hbar}}|0\rangle \\
&= e^{-\frac{i\omega t}{2}} e^{\frac{im\omega x_0^2 \sin 2\omega t}{4\hbar}} e^{-\frac{im\omega x_0 x \sin\omega t}{\hbar}} \langle x|\widehat{U}(x_0\cos\omega t)|0\rangle \\
&= e^{-\frac{i\omega t}{2}} e^{\frac{im\omega x_0^2 \sin 2\omega t}{4\hbar}} e^{-\frac{im\omega x_0 x \sin\omega t}{\hbar}} \langle x-x_0\cos\omega t|0\rangle
\end{aligned}
\tag{6.105}
$$

のように変形できる．ここで，1 行目から 2 行目の変形においては式 (6.81) を，2 行目から 3 行目の変形においては式 (6.79) を，3 行目から 4 行目の変形にお

いてはベイカー–キャンベル–ハウスドルフの公式 (6.102) と式 (6.55) を，4 行目から 5 行目の変形においては式 (6.53), (6.54) を，5 行目から 6 行目の変形においては再びベイカー–キャンベル–ハウスドルフの公式 (6.102) と式 (5.30) を，6 行目から 7 行目の変形においては式 (6.98), (5.6) を，7 行目から 8 行目の変形においては式 (5.32) を用いた．かくして，例題 43 と全く同様にして，古典極限では式 (6.104) が得られる． □

6.7 球面調和関数再考

　この章の最後に，3.2 節で導いた球面調和関数を別の方法，即ち**軌道角運動量演算子**の交換関係から出発して導こう．式 (3.4) は位置基底における交換関係であるが，改めて正準交換関係 (5.46) から軌道角運動量演算子

$$\widehat{\boldsymbol{L}} = \widehat{\boldsymbol{x}} \times \widehat{\boldsymbol{p}} \tag{6.106}$$

の各成分間の交換関係を導くことからはじめる．軌道角運動量演算子 (6.106) は，位置基底における定義 (3.2) を一般化したものであり，その x, y, z 成分については，

$$\widehat{L}_x = \widehat{y}\widehat{p}_z - \widehat{z}\widehat{p}_y, \tag{6.107}$$

$$\widehat{L}_y = \widehat{z}\widehat{p}_x - \widehat{x}\widehat{p}_z, \tag{6.108}$$

$$\widehat{L}_z = \widehat{x}\widehat{p}_y - \widehat{y}\widehat{p}_x \tag{6.109}$$

で与えられる．すると，j 成分と k 成分間の交換関係

$$[\widehat{L}_j, \widehat{L}_k] = i\hbar \varepsilon_{jkl} \widehat{L}_l \tag{6.110}$$

が成り立つ．ここで，ε_{jkl} は**反対称テンソル**であり，$\varepsilon_{xyz} = \varepsilon_{zxy} = \varepsilon_{yzx} = 1$, $\varepsilon_{xzy} = \varepsilon_{zyx} = \varepsilon_{yxz} = -1$，それ以外の j, k, l に対して $\varepsilon_{jkl} = 0$ と定義される．また，右辺で l については縮約をとる，即ち $l = x, y, z$ に対して和をとるものとする．

6.7 球面調和関数再考 **141**

―― 例題 46 ――――――――――――――――――――――――――――――

交換関係 (6.110) を示せ.

―――――――――――――――――――――――――――――――――――――

【解答例】 まず，軌道角運動量の x 成分 (6.107) と y 成分 (6.108) の間の交換子を調べると，

$$
\begin{aligned}
[\hat{L}_x, \hat{L}_y] &= [\hat{y}\hat{p}_z - \hat{z}\hat{p}_y, \hat{z}\hat{p}_x - \hat{x}\hat{p}_z] \\
&= [\hat{y}\hat{p}_z, \hat{z}\hat{p}_x] - [\hat{y}\hat{p}_z, \hat{x}\hat{p}_z] - [\hat{z}\hat{p}_y, \hat{z}\hat{p}_x] + [\hat{z}\hat{p}_y, \hat{x}\hat{p}_z] \\
&= [\hat{y}\hat{p}_z, \hat{z}]\hat{p}_x + \hat{z}[\hat{y}\hat{p}_z, \hat{p}_x] - [\hat{y}\hat{p}_z, \hat{x}]\hat{p}_z - \hat{x}[\hat{y}\hat{p}_z, \hat{p}_z] \\
&\quad - [\hat{z}\hat{p}_y, \hat{z}]\hat{p}_x - \hat{z}[\hat{z}\hat{p}_y, \hat{p}_x] + [\hat{z}\hat{p}_y, \hat{x}]\hat{p}_z + \hat{x}[\hat{z}\hat{p}_y, \hat{p}_z] \quad (6.111)
\end{aligned}
$$

を得る. ここで，2 行目から 3, 4 行目への変形においては公式 (6.31) を用いた. 最後の 8 項のうち交換子中の二つの演算子が可換でないのは第 1 項と第 8 項のみである. したがって，

$$
\begin{aligned}
[\hat{L}_x, \hat{L}_y] &= -[\hat{z}, \hat{y}\hat{p}_z]\hat{p}_x - \hat{x}[\hat{p}_z, \hat{z}\hat{p}_y] \\
&= -[\hat{z}, \hat{y}]\hat{p}_z\hat{p}_x - \hat{y}[\hat{z}, \hat{p}_z]\hat{p}_x - \hat{x}[\hat{p}_z, \hat{z}]\hat{p}_y - \hat{x}\hat{z}[\hat{p}_z, \hat{p}_y] \\
&= i\hbar(\hat{x}\hat{p}_y - \hat{y}\hat{p}_x) \\
&= i\hbar\hat{L}_z
\end{aligned} \quad (6.112)
$$

が得られる. ここで，1 行目から 2 行目への変形においては公式 (6.31) を，2 行目から 3 行目の変形においては正準交換関係 (5.46) を，3 行目から 4 行目への変形においては式 (6.109) を用いた.

$[\hat{L}_y, \hat{L}_z] = i\hbar L_x$，$[\hat{L}_z, \hat{L}_x] = i\hbar L_y$ についても全く同様に示すことができる. また，$[\hat{L}_k, \hat{L}_j] = -[\hat{L}_j, \hat{L}_k]$ に着目すると，いかなる j, k に対しても交換関係 (6.110) が成り立つことがわかる[5]. □

基本的交換関係 (6.110) から，球面調和関数を得るのに役立つ種々の交換関係を導くことができる. まずはじめに，

――――――――――――――――――――――――

[5] このように交換関係 (6.110) を正準交換関係 (5.46) より導いたわけだが，一般的に系の回転を記述するにあたっては，回転をもたらす生成子という役割を担う角運動量演算子を，同様の交換関係を満足するものとして定義することから議論を展開する. 軌道角運動量演算子は，この一般的な角運動量演算子の一例にすぎない. このような議論は本書の範囲を超えるため，言及のみにとどめる.

142　　第 6 章　波動方程式の性質

$$[\widehat{\boldsymbol{L}}^2, \widehat{L}_j] = 0 \tag{6.113}$$

を示す．すると，4.7 節の議論より，$\widehat{\boldsymbol{L}}^2, \widehat{L}_z$ は同時固有状態をもつのである．

――― 例題 47 ―――――――――――――――――――――――

　交換関係 (6.113) を示せ．

【解答例】　$j = x$ の場合，

$$\begin{aligned}
[\widehat{\boldsymbol{L}}^2, \widehat{L}_x] &= [\widehat{L}_x^2 + \widehat{L}_y^2 + \widehat{L}_z^2, \widehat{L}_x] \\
&= -[\widehat{L}_x, \widehat{L}_y^2] - [\widehat{L}_x, \widehat{L}_z^2] \\
&= -[\widehat{L}_x, \widehat{L}_y]\widehat{L}_y - \widehat{L}_y[\widehat{L}_x, \widehat{L}_y] - [\widehat{L}_x, \widehat{L}_z]\widehat{L}_z - \widehat{L}_z[\widehat{L}_x, \widehat{L}_z] \\
&= -i\hbar\widehat{L}_z\widehat{L}_y - i\hbar\widehat{L}_y\widehat{L}_z + i\hbar\widehat{L}_y\widehat{L}_z + i\hbar\widehat{L}_z\widehat{L}_y \\
&= 0 \tag{6.114}
\end{aligned}$$

が成り立つ．ここで，2 行目から 3 行目の変形においては公式 (6.31) を，3 行目から 4 行目の変形においては交換関係 (6.110) を用いた．$j = y, z$ の場合も全く同様に交換関係 (6.113) が成り立つことを示すことができる．　　　　□

　以上をまとめると，交換関係 (6.110), (6.113) より，$\widehat{L}_x, \widehat{L}_y, \widehat{L}_z$ は同時固有状態をもたないが，大きさの自乗 $\widehat{\boldsymbol{L}}^2$ とそれぞれの成分 $\widehat{L}_j$ は同時固有状態をもつと結論される．即ち，ある成分の固有状態に対しては，軌道角運動量の大きさは決められてもそれ以外の 2 成分を決めることができない．ある成分としてどの成分を選択するかには自由度があるが，ここでは，3.2 節と歩調を合わせるべく，それを z 成分にとる．

　ここで，$\widehat{\boldsymbol{L}}^2, \widehat{L}_z$ の同時固有状態が満足すべき固有値方程式を書き下そう．4.7 節において一般の両立できる演算子 $\widehat{A}, \widehat{B}$ に対して書かれた固有値方程式 (4.93), (4.94) を参考にして，

$$\widehat{L}_z|L, M\rangle = M\hbar|L, M\rangle, \tag{6.115}$$

$$\widehat{\boldsymbol{L}}^2|L, M\rangle = L(L+1)\hbar^2|L, M\rangle \tag{6.116}$$

と書くことができる．ここで，$\widehat{\boldsymbol{L}}^2, \widehat{L}_z$ の固有値は，再び 3.2 節と歩調を合わせ，実数 M，非負の実数 L を用いてそれぞれ $M\hbar, L(L+1)\hbar^2$ とおいた．

6.7 球面調和関数再考   **143**

これらの固有値方程式 (6.115), (6.116) は，球面調和関数が満たすべき固有
値方程式 (3.14), (3.15) と等価である．実際，式 (6.115), (6.116) に左から位
置基底の基本状態 $\langle \boldsymbol{x} |$ を作用させると，

$$\langle \boldsymbol{x} | \widehat{L}_z | L, M \rangle = M\hbar \langle \boldsymbol{x} | L, M \rangle, \tag{6.117}$$

$$\langle \boldsymbol{x} | \widehat{\boldsymbol{L}}^2 | L, M \rangle = L(L+1)\hbar^2 \langle \boldsymbol{x} | L, M \rangle \tag{6.118}$$

が得られる．位置基底における運動量演算子が式 (5.49) のように表現できるこ
とを思い出すと，式 (6.117), (6.118) の左辺は，それぞれ

$$\langle \boldsymbol{x} | \widehat{L}_z | L, M \rangle$$
$$= \frac{\hbar}{i} \left(x \frac{\partial}{\partial y} - y \frac{\partial}{\partial x} \right) \langle \boldsymbol{x} | L, M \rangle$$
$$= \frac{\hbar}{i} \frac{\partial}{\partial \varphi} \langle \boldsymbol{x} | L, M \rangle, \tag{6.119}$$

$$\langle \boldsymbol{x} | \widehat{\boldsymbol{L}}^2 | L, M \rangle$$
$$= -\hbar^2 \left\{ \left(y \frac{\partial}{\partial z} - z \frac{\partial}{\partial y} \right)^2 + \left(z \frac{\partial}{\partial x} - x \frac{\partial}{\partial z} \right)^2 + \left(x \frac{\partial}{\partial y} - y \frac{\partial}{\partial x} \right)^2 \right\} \langle \boldsymbol{x} | L, M \rangle$$
$$= -\hbar^2 \left(\frac{\partial^2}{\partial \theta^2} + \cot\theta \frac{\partial}{\partial \theta} + \frac{1}{\sin^2\theta} \frac{\partial^2}{\partial \varphi^2} \right) \langle \boldsymbol{x} | L, M \rangle \tag{6.120}$$

と書ける．ここで，両式の 1 行目から 2 行目への変形においては，定義 (6.106)
と，式 (5.49) により運動量演算子 $\widehat{\boldsymbol{p}}$ が $\frac{\hbar}{i} \boldsymbol{\nabla}$ に置き換えられること（例題 48 参
照），両式の 2 行目から 3 行目への変形においては，それぞれ式 (3.11), (3.12)
を用いた．

─ 例題 48 ─

式 (6.119), (6.120) の 1 行目から 2 行目への変形が成り立つことを示せ．

【解答例】 まず，式 (6.119) については，

$$\langle \boldsymbol{x} | \widehat{L}_z | L, M \rangle$$
$$= \langle \boldsymbol{x} | (\widehat{x}\widehat{p}_y - \widehat{y}\widehat{p}_x) | L, M \rangle$$
$$= \langle L, M | (\widehat{p}_y \widehat{x} - \widehat{p}_x \widehat{y}) | \boldsymbol{x} \rangle^*$$
$$= x \langle L, M | \widehat{p}_y | \boldsymbol{x} \rangle^* - y \langle L, M | \widehat{p}_x | \boldsymbol{x} \rangle^*$$

144　　　第 6 章　波動方程式の性質

$$= x \langle \boldsymbol{x} | \widehat{p}_y | L, M \rangle - y \langle \boldsymbol{x} | \widehat{p}_x | L, M \rangle$$

$$= \frac{\hbar}{i} \left(x \frac{\partial}{\partial y} - y \frac{\partial}{\partial x} \right) \langle \boldsymbol{x} | L, M \rangle \tag{6.121}$$

のように変形できる. ここで, 1 行目から 2 行目への変形においては定義 (6.106) を, 2 行目から 3 行目への変形においては定理 (4.45) および位置演算子と運動量演算子のエルミート性を, 3 行目から 4 行目への変形においては固有値方程式 (5.6), (5.13) を, 4 行目から 5 行目への変形においては再び定理 (4.45) と運動量演算子のエルミート性を, 5 行目から 6 行目への変形においては式 (5.49) を用いた.

次に, 式 (6.120) については, 定義 (6.106) より

$$\langle \boldsymbol{x} | \widehat{\boldsymbol{L}}^2 | L, M \rangle$$
$$= \langle \boldsymbol{x} | (\widehat{y}\widehat{p}_z - \widehat{z}\widehat{p}_y)\widehat{L}_x | L, M \rangle$$
$$\quad + \langle \boldsymbol{x} | (\widehat{z}\widehat{p}_x - \widehat{x}\widehat{p}_z)\widehat{L}_y | L, M \rangle$$
$$\quad + \langle \boldsymbol{x} | (\widehat{x}\widehat{p}_y - \widehat{y}\widehat{p}_x)\widehat{L}_z | L, M \rangle \tag{6.122}$$

となるが, たとえば第 3 項については, 式 (6.121) を 2 度用いて,

$$\langle \boldsymbol{x} | (\widehat{x}\widehat{p}_y - \widehat{y}\widehat{p}_x)\widehat{L}_z | L, M \rangle$$
$$= \frac{\hbar}{i} \left(x \frac{\partial}{\partial y} - y \frac{\partial}{\partial x} \right) \langle \boldsymbol{x} | \widehat{L}_z | L, M \rangle$$
$$= -\hbar^2 \left(x \frac{\partial}{\partial y} - y \frac{\partial}{\partial x} \right)^2 \langle \boldsymbol{x} | L, M \rangle \tag{6.123}$$

のように変形できる. 第 1 項, 第 2 項についても全く同様であり,

$$\langle \boldsymbol{x} | \widehat{\boldsymbol{L}}^2 | L, M \rangle$$
$$= -\hbar^2 \Bigg\{ \left(y \frac{\partial}{\partial z} - z \frac{\partial}{\partial y} \right)^2$$
$$\quad + \left(z \frac{\partial}{\partial x} - x \frac{\partial}{\partial z} \right)^2 + \left(x \frac{\partial}{\partial y} - y \frac{\partial}{\partial x} \right)^2 \Bigg\} \langle \boldsymbol{x} | L, M \rangle \tag{6.124}$$

が得られる. □

6.7 球面調和関数再考

式 (6.119), (6.120) より，固有値方程式 (6.117), (6.118) の極座標表示においては，動径成分 r やその微分要素が全く含まれないことに注意しよう．位置基底の基本状態は一般に $|r, \theta, \varphi\rangle$ と書けるが，問題にしている系の状態は r に依存しないため，よりシンプルに $|\theta, \varphi\rangle$ を基本状態とすることができる．かくして，

$$\langle \theta, \varphi | L, M \rangle \equiv Y_L^M(\theta, \varphi) \tag{6.125}$$

と同定することにより，固有値方程式 (6.117), (6.118) は，球面調和関数 $Y_L^M(\theta, \varphi)$ が満たすべき固有値方程式 (3.14), (3.15) と等価であることを示すことができた．

さて，位置と軌道角運動量は両立しない観測量である．これは，たとえば $\hat{x}$ と $\hat{L}_z$ の交換子が，

$$\begin{aligned}
[\hat{x}, \hat{L}_z] &= [\hat{x}, \hat{x}\hat{p}_y - \hat{y}\hat{p}_x] \\
&= [\hat{x}, \hat{x}]\hat{p}_y + \hat{x}[\hat{x}, \hat{p}_y] - [\hat{x}, \hat{y}]\hat{p}_x - \hat{y}[\hat{x}, \hat{p}_x] \\
&= -i\hbar\hat{y}
\end{aligned} \tag{6.126}$$

と消えずに残ることから明らかである．ここで，1 行目内の変形においては式 (6.109) を，2 行目から 3 行目の変形においては正準交換関係 (5.46) と自明な交換関係 (5.15) を用いた．すると，同時固有状態 $|L, M\rangle$ により，ここで問題にしている系の基底を $\{|L, M\rangle\}$ として構築できる一方，4.8 節の議論によれば，位置基底の角度成分 $\{|\theta, \varphi\rangle\}$ によっても独立に構築することができるのである．さらに同節の議論によれば，球面調和関数は，式 (6.125) と式 (4.106) との対応より，異なる基底の間の変換をつかさどるユニタリ演算子の行列要素に相当することがわかる．

M の値を決めるのにはしご演算子

$$\hat{L}_\pm \equiv \hat{L}_x \pm i\hat{L}_y \quad \text{（複号同順）} \tag{6.127}$$

を導入しよう．まず，このはしご演算子に関するいくつかの交換関係

$$[\hat{L}_z, \hat{L}_\pm] = \pm\hbar\hat{L}_\pm, \tag{6.128}$$

$$[\hat{L}_+, \hat{L}_-] = 2\hbar\hat{L}_z \tag{6.129}$$

を書き出す．

146   第6章　波動方程式の性質

――― 例題 49 ―――――――――――――――――――――――

交換関係 (6.128), (6.129) を示せ.

―――――――――――――――――――――――――――――

【解答例】　基本的交換関係 (6.110) から,

$$[\widehat{L}_z, \widehat{L}_\pm] = [\widehat{L}_z, \widehat{L}_x] \pm i\,[\widehat{L}_z, \widehat{L}_y]$$
$$= i\hbar \widehat{L}_y \pm \hbar \widehat{L}_x$$
$$= \pm \hbar \widehat{L}_\pm, \tag{6.130}$$
$$[\widehat{L}_+, \widehat{L}_-] = [\widehat{L}_x, \widehat{L}_x] + i\,[\widehat{L}_y, \widehat{L}_x] - i\,[\widehat{L}_x, \widehat{L}_y] + [\widehat{L}_y, \widehat{L}_y]$$
$$= 2\hbar \widehat{L}_z \tag{6.131}$$

が成り立つ.　　　　　　　　　　　　　　　　　　　　　　□

次に, 交換関係 (6.128) に右から固有状態 $|L, M\rangle$ をかけよう. すると,

$$\widehat{L}_z(\widehat{L}_\pm |L, M\rangle) = \widehat{L}_\pm(\widehat{L}_z |L, M\rangle) \pm \hbar \widehat{L}_\pm |L, M\rangle \tag{6.132}$$

が得られる. 右辺第 1 項に固有値方程式 (6.115) を代入すると,

$$\widehat{L}_z(\widehat{L}_\pm |L, M\rangle) = (M \pm 1)\hbar(\widehat{L}_\pm |L, M\rangle) \tag{6.133}$$

が得られるが, これは, はしご演算子の役割が $\widehat{L}_z$ の固有値 $M\hbar$ を $\pm\hbar$ だけ変化させることを意味する. では, 軌道角運動量の大きさについてはどうであろうか. 交換関係 (6.113) より,

$$[\widehat{\boldsymbol{L}}^2, \widehat{L}_\pm] = 0 \tag{6.134}$$

が成り立つことに着目しよう. この関係に右から固有状態 $|L, M\rangle$ をかけると

$$\widehat{\boldsymbol{L}}^2(\widehat{L}_\pm |L, M\rangle) = \widehat{L}_\pm(\widehat{\boldsymbol{L}}^2 |L, M\rangle) \tag{6.135}$$

が得られ, 右辺に固有値方程式 (6.116) を代入すると,

$$\widehat{\boldsymbol{L}}^2(\widehat{L}_\pm |L, M\rangle) = L(L+1)\hbar^2(\widehat{L}_\pm |L, M\rangle) \tag{6.136}$$

が成立することがわかる. この関係は, はしご演算子が $\widehat{\boldsymbol{L}}^2$ の固有値 $L(L+1)\hbar^2$ を変えないことを意味する. 式 (6.133), (6.136) をまとめると,

$$\widehat{L}_\pm |L, M\rangle \propto |L, M \pm 1\rangle \tag{6.137}$$

6.7 球面調和関数再考　　　　　　　**147**

なる比例関係が結論されるのである.

　M の値を知るにあたり，$\widehat{L}_\pm^\dagger = \widehat{L}_\mp$ に着目しよう. $|\alpha_\pm\rangle \equiv \widehat{L}_\pm|L,M\rangle$ とおくと，式 (4.41) と式 (4.44) の関係より $\langle\alpha_\pm| = \langle L,M|\widehat{L}_\pm^\dagger$ となることに注意して，$|\alpha_\pm\rangle \equiv \widehat{L}_\pm|L,M\rangle$ のノルムは，

$$\langle\alpha_\pm|\alpha_\pm\rangle = \langle L,M|\widehat{L}_\mp\widehat{L}_\pm|L,M\rangle \tag{6.138}$$

となる. すると，

$$\widehat{L}_\mp\widehat{L}_\pm = \widehat{\boldsymbol{L}}^2 - \widehat{L}_z^2 \mp \hbar\widehat{L}_z \tag{6.139}$$

と組み合わせることにより，

$$\begin{aligned}\langle\alpha_\pm|\alpha_\pm\rangle &= \langle L,M|\widehat{\boldsymbol{L}}^2 - \widehat{L}_z^2 \mp \hbar\widehat{L}_z|L,M\rangle \\ &= \big\{L(L+1) - M^2 \mp M\big\}\hbar^2\langle L,M|L,M\rangle \end{aligned} \tag{6.140}$$

が得られる. ここで，1 行目から 2 行目の変形において固有値方程式 (6.115)，(6.116) を用いた. ノルムは非負の実数であるため，

$$L(L+1) \geq (\pm M)(\pm M + 1) \quad （複号同順） \tag{6.141}$$

が複号の両方で成り立たなければならない. したがって，

$$L \geq \pm M \tag{6.142}$$

が得られる. この条件は，複号を外せば，

$$-L \leq M \leq L \tag{6.143}$$

とも書ける.

例題 50

式 (6.139) を示せ.

【解答例】

$$\begin{aligned}\widehat{L}_\mp\widehat{L}_\pm &= (\widehat{L}_x \mp i\widehat{L}_y)(\widehat{L}_x \pm i\widehat{L}_y) \\ &= \widehat{L}_x^2 + \widehat{L}_y^2 \pm i\,[\widehat{L}_x, \widehat{L}_y] \\ &= \widehat{\boldsymbol{L}}^2 - \widehat{L}_z^2 \mp \hbar\widehat{L}_z \end{aligned} \tag{6.144}$$

が成り立つ. ここで，2 行目から 3 行目の変形においては基本的交換関係 (6.110) を用いた. □

第6章 波動方程式の性質

さらに議論を進めて，M が満たすべき条件 (6.143) が成り立つためには，L が整数か半整数（2 倍すると整数になる数）でなければならないことを示そう．そのためにまず，M の一つのとりうる値として M_0 を考える．M_0 は不等式 (6.143) を満たすため，

$$-L \leq M_0 \leq L \tag{6.145}$$

が成り立たなければならない．ここで，$L - M_0$ を切り上げてできる自然数を N_+ とすると，固有状態 $|L, M_0\rangle$ に N_+ 回 $\hat{L}_+$ を作用させることにより，

$$(\hat{L}_+)^{N_+} |L, M_0\rangle \propto |L, M_0 + N_+\rangle \tag{6.146}$$

を得る．ここで，図 6.2 より，

$$M_0 + N_+ \geq L \tag{6.147}$$

となることがわかる．一方不等式 (6.143) より $M_0 + N_+ \leq L$ でなければならないから，これらの不等式を組み合わせて，

$$M_0 + N_+ = L \tag{6.148}$$

と結論される．

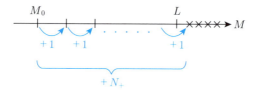

図 6.2　M の上限

次に，上記と全く同様の議論を図 6.2 とは逆方向に展開しよう．$L + M_0$ を切り上げてできる自然数を N_- とすると，固有状態 $|L, M_0\rangle$ に N_- 回 $\hat{L}_-$ を作用させることにより，

$$(\hat{L}_-)^{N_-} |L, M_0\rangle \propto |L, M_0 - N_-\rangle \tag{6.149}$$

を得る．ここで，図 6.3 より，

$$M_0 - N_- \leq -L \tag{6.150}$$

となることがわかる．一方不等式 (6.143) より $M_0 - N_- \geq -L$ でなければならないから，これらの不等式を組み合わせて，

6.7 球面調和関数再考

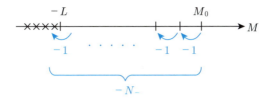

図 6.3　M の下限

$$M_0 - N_- = -L \tag{6.151}$$

と結論される．

最後に式 (6.148), (6.151) の差をとることにより，

$$N_+ + N_- = 2L \tag{6.152}$$

が得られる．$N_+ + N_-$ は自然数であるため，L は 0 以上の整数か半整数となる．

実際は L が整数値のみとりうることは 3.2 節で見た通りだが，そのことを端的に見るには，位置基底の性質として，

$$\langle \theta, \varphi | = \langle \theta, \varphi + 2\pi | \tag{6.153}$$

が成り立つべきであることに着目すればよい．これに右から $|L, L\rangle$ を作用させることにより，$Y_L^L(\theta, \varphi) = Y_L^L(\theta, \varphi + 2\pi)$ が得られる．これは，解の一価性の条件 (3.16) において $M = L$ とおいたものである．変数分離形の微分方程式 (3.14) の解は，ある θ の関数 $f_L^L(\theta)$ を用いて $Y_L^L(\theta, \varphi) \sim f_L^L(\theta) e^{iL\varphi}$ のようにふるまうのであった．すると，解の一価性の条件は $e^{i2\pi L} = 1$（式 (3.19) において $M = L$ とおいたもの）に帰着される．かくして L は自然数とわかる．その結果，M のとりうる値は，図 6.4 に示すように，不等式 (6.143) を満たす $2L + 1$ 個の整数値のみとなる．

以上で球面調和関数を求める準備が整った．調和振動子について再考した 6.6 節と類似の方法で球面調和関数を構築できるのである．具体的には，$Y_L^M(\theta, \varphi) \sim f_L^M(\theta) e^{iM\varphi}$ とおいたときの $f_L^M(\theta)$ をわざわざ微分方程式 (3.20) を解かずとも導けるのである．まずはじめに $f_L^L(\theta)$ を求めよう．そのためには，条件 (6.143) から得られる自明な関係

$$\hat{L}_+ |L, L\rangle = 0 \tag{6.154}$$

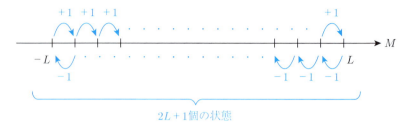

図 6.4　M の範囲

に着目すれば十分である．この関係は調和振動子においては関係 (6.79) に対応する．$f_L^L(\theta)$ についての微分方程式を得るべく，左から $\langle \bm{x}|$ を作用させることにより，

$$\frac{\hbar}{i} e^{i\varphi} \left(i \frac{\partial}{\partial \theta} - \cot\theta \frac{\partial}{\partial \varphi} \right) Y_L^L(\theta, \varphi) = 0 \tag{6.155}$$

を得る．

--- 例題 51 ---

式 (6.155) を示せ．

【解答例】　まず，

$$\begin{aligned}
\langle \bm{x}|\widehat{L}_+|L,L\rangle &= \langle \bm{x}|\widehat{L}_x + i\widehat{L}_y|L,L\rangle \\
&= \frac{\hbar}{i} \left\{ \left(y\frac{\partial}{\partial z} - z\frac{\partial}{\partial y} \right) + i\left(z\frac{\partial}{\partial x} - x\frac{\partial}{\partial z} \right) \right\} \langle \bm{x}|L,L\rangle \\
&= \frac{\hbar}{i} \left\{ \left(-\sin\varphi \frac{\partial}{\partial \theta} - \cot\theta \cos\varphi \frac{\partial}{\partial \varphi} \right) \right. \\
&\qquad \left. + i\left(\cos\varphi \frac{\partial}{\partial \theta} - \cot\theta \sin\varphi \frac{\partial}{\partial \varphi} \right) \right\} \langle \bm{x}|L,L\rangle \\
&= \frac{\hbar}{i} e^{i\varphi} \left(i\frac{\partial}{\partial \theta} - \cot\theta \frac{\partial}{\partial \varphi} \right) \langle \bm{x}|L,L\rangle \tag{6.156}
\end{aligned}$$

が成り立つことに着目する．ここで，1 行目から 2 行目の変形は例題 48 より自明，2 行目から 3, 4 行目の変形においては式 (3.9), (3.10) を用いた．最後に，式 (6.125) より $\langle \bm{x}|L,L\rangle = Y_L^L(\theta,\varphi)$ と書けることを思い出すと，式 (6.155) を得る．　□

6.7 球面調和関数再考 **151**

さらに, $Y_L^L(\theta, \varphi) \sim f_L^L(\theta)e^{iL\varphi}$ を偏微分方程式 (6.155) に代入すると, $\sin\theta$ に関する変数分離形の常微分方程式

$$\left\{ \frac{d}{d(\sin\theta)} - \frac{L}{\sin\theta} \right\} f_L^L(\theta) = 0 \tag{6.157}$$

が得られる. その一般解は,

$$f_L^L(\theta) \sim \sin^L\theta \tag{6.158}$$

のようにふるまう. かくして,

$$Y_L^L(\theta, \varphi) \sim e^{iL\varphi} \sin^L\theta \tag{6.159}$$

がシンプルに得られるのである. ここで比例係数も求めようとすると,

$$\int_0^{2\pi} d\varphi \int_{-1}^1 d(\cos\theta) \sin^{2L}\theta = \frac{\pi 2^{2(L+1)}}{(2L+1)\,_{2L}C_L} \tag{6.160}$$

に着目するとよい. 比例係数を非負の実数にとると,

$$Y_L^L(\theta, \varphi) = \sqrt{\frac{(2L+1)\,_{2L}C_L}{\pi 2^{2(L+1)}}} \, e^{iL\varphi} \sin^L\theta \tag{6.161}$$

と書ける. これは, 符号を除いて式 (3.36) と同一である.

── 例題 52 ──

公式 (6.160) を示せ.

【解答例】 $\cos\theta$ について部分積分を L 回繰り返すことにより,

$$\int_0^{2\pi} d\varphi \int_{-1}^1 d(\cos\theta)\,(1-\cos^2\theta)^L$$

$$= 2\pi \int_{-1}^1 d(\cos\theta)\, 2L\cos^2\theta(1-\cos^2\theta)^{L-1}$$

$$= \frac{2\pi}{3} \int_{-1}^1 d(\cos\theta)\, 2^2 L(L-1)\cos^4\theta(1-\cos^2\theta)^{L-2}$$

$$= \cdots$$

$$= \frac{2\pi}{1\cdot 3\cdots(2L-1)} \int_{-1}^1 d(\cos\theta)\, 2^L L!\cos^{2L}\theta$$

$$= \frac{\pi 2^{L+2} L!}{1\cdot 3\cdots(2L+1)}$$

152　第6章　波動方程式の性質

$$= \frac{\pi 2^{2(L+1)} (L!)^2}{(2L+1)(2L)!}$$

$$= \frac{\pi 2^{2(L+1)}}{(2L+1)\,_{2L}\mathrm{C}_L} \tag{6.162}$$

が得られる. □

　別の磁気量子数 M に対する球面調和関数を得るには，必要な回数だけはしご演算子 $\widehat{L}_-$ を $Y_L^L(\theta, \varphi)$ に作用させればよい. 実際，$M = L-1$ の場合であれば，

$$\langle \boldsymbol{x} | \widehat{L}_- | L, L \rangle = \sqrt{2L}\,\hbar \langle \boldsymbol{x} | L, L-1 \rangle$$

$$= \sqrt{2L}\,\hbar Y_L^{L-1}(\theta, \varphi) \tag{6.163}$$

と書けることに着目しよう. ここで，1 行目の変形においては固有値方程式 (6.137) を用いた. なお，比例係数は非負の実数にとり，ノルム (6.140) より決めた. 次に，

$$\langle \boldsymbol{x} | \widehat{L}_- | L, L \rangle = \frac{\hbar}{i}\, e^{-i\varphi} \left(-i\,\frac{\partial}{\partial \theta} - \cot\theta\,\frac{\partial}{\partial \varphi} \right) Y_L^L(\theta, \varphi) \tag{6.164}$$

と書けることに注意する. この関係は式 (6.156) において，$\widehat{L}_y$ の前の虚数単位の符号を変えることにより得られる. すると，式 (6.163), (6.164) により，

$$Y_L^{L-1}(\theta, \varphi)$$

$$= \frac{1}{\sqrt{2L}\,\hbar} \sqrt{\frac{(2L+1)\,_{2L}\mathrm{C}_L}{\pi 2^{2(L+1)}}} \times \frac{\hbar}{i}\, e^{-i\varphi} \left(-i\,\frac{\partial}{\partial \theta} - \cot\theta\,\frac{\partial}{\partial \varphi} \right) (e^{iL\varphi} \sin^L \theta)$$

$$= -\sqrt{\frac{2L(2L+1)\,_{2L}\mathrm{C}_L}{\pi 2^{2(L+1)}}}\, e^{i(L-1)\varphi} \sin^{L-1}\theta \cos\theta \tag{6.165}$$

のように $Y_L^{L-1}(\theta, \varphi)$ を決めることができる. これも，符号を除いて式 (3.36) と同一である.

　全く同様に，$M = L-2$ の場合であれば，

$$\langle \boldsymbol{x} | \widehat{L}_- | L, L-1 \rangle = \sqrt{2(2L-1)}\,\hbar \langle \boldsymbol{x} | L, L-2 \rangle$$

$$= \sqrt{2(2L-1)}\,\hbar Y_L^{L-2}(\theta, \varphi) \tag{6.166}$$

と書けることに着目すればよい. すると，

$$
Y_L^{L-2}(\theta, \varphi)
$$

$$
= \frac{1}{\sqrt{2(2L-1)}\,\hbar} \sqrt{\frac{2L(2L+1)\,_{2L}\mathrm{C}_L}{\pi 2^{2(L+1)}}}
$$

$$
\times \frac{\hbar}{i}\, e^{-i\varphi} \left(-i\frac{\partial}{\partial\theta} - \cot\theta \frac{\partial}{\partial\varphi}\right) \left\{ e^{i(L-1)\varphi} \sin^{L-1}\theta \cos\theta \right\}
$$

$$
= \sqrt{\frac{L(2L+1)\,_{2L}\mathrm{C}_L}{\pi 2^{2(L+1)}(2L-1)}}\, e^{i(L-2)\varphi} \sin^{L-2}\theta \left\{ 2(L-1)\cos^2\theta - \sin^2\theta \right\}
$$

$$
\tag{6.167}
$$

となる．これもまた，符号を除いて式 (3.36) と同一である．

演 習 問 題

演習 6.1 公式 (6.102) を証明せよ【巻末に解答例あり】．

演習 6.2 ハミルトニアン $\widehat{H}$ と可換な演算子 $\widehat{O}$ の期待値は時間発展しないことを示せ．

演習 6.3 位置基底を用いてエーレンフェストの定理 (6.27) を証明せよ【巻末に解答例あり】．

演習 6.4 1 次元調和振動子の規格化された固有状態 $|n\rangle$ が

$$
|n\rangle = \frac{1}{\sqrt{n!}}(a^\dagger)^n |0\rangle \tag{6.168}
$$

と表現できることを示せ．

演習問題の解答例と解説（抜粋）

完全版は，本書のサポートページ（https://www.saiensu.co.jp）を参照.

● 演習 3.1

【解答例】

方位量子数と動径波動関数 ハミルトニアン (3.72) は球対称（回転対称）であるから，第 3 章の結果に従って，極座標において方位量子数 L が与えられたときの動径方向の波動関数 $R(r)$ に対するシュレーディンガー方程式を解けばよい. 水素原子のエネルギー固有値問題と同様に，波動関数とエネルギーに方位量子数 L のラベルをつけて $R(r) \to R_L(r)$, $E \to \lambda_L$ とすれば，動径方向のシュレーディンガー方程式は以下のようになる.

$$\left\{ -\frac{\hbar^2}{2m} \frac{1}{r} \frac{d^2}{dr^2} r + \frac{\hbar^2}{2m} \frac{L(L+1)}{r^2} - V\theta(a-r) \right\} R_L(r) = \lambda_L R_L(r). \quad (A.1)$$

ここで上式の両辺に r をかけて，$rR_L(r)$ をまとめて波動関数と見れば，

$$\left\{ -\frac{\hbar^2}{2m} \frac{d^2}{dr^2} + V_{\text{eff}}(r) \right\} (rR_L) = \lambda_L (rR_L) \quad (A.2)$$

となる. ここで有効ポテンシャル

$$V_{\text{eff}}(r) = \frac{\hbar^2}{2m} \frac{L(L+1)}{r^2} - V\theta(a-r) \quad (A.3)$$

を導入した. 方程式 (A.2) は $V_{\text{eff}}(r)$ のもとでの波動関数 $rR_L(r)$ に対する 1 次元シュレーディンガー方程式（ただし $r \geq 0$）と見ることができる. $rR_L(r)$ に対する規格化条件は 1 次元系と同様に

$$\int_0^\infty dr \, |rR_L(r)|^2 = 1 \quad (A.4)$$

となる. 1 次元シュレーディンガー方程式に関する定理より，エネルギーが与えられると (A.2) の解は一意的に決定される.

束縛状態に対する解 以下，エネルギー固有値が負になる状態，即ち $-V \leq \lambda_L < 0$ となる束縛状態を考える. 方程式 (A.2) は井戸型ポテンシャルの内側と外側の領域に分けて解くことができる：

演習 3.1 の解答　　　**155**

領域 $0 \leq r < a$:

$$-\frac{\hbar^2}{2m} \frac{d^2}{dr^2}(rR_L) + \frac{\hbar^2}{2m} \frac{L(L+1)}{r^2}(rR_L) - (V + \lambda_L)(rR_L) = 0. \quad \text{(A.5)}$$

領域 $a < r$:

$$-\frac{\hbar^2}{2m} \frac{d^2}{dr^2}(rR_L) + \frac{\hbar^2}{2m} \frac{L(L+1)}{r^2}(rR_L) - \lambda_L(rR_L) = 0. \quad \text{(A.6)}$$

領域 $0 \leq r < a$ の解　まず変数変換によって方程式 (A.5) を無次元量のみで表す. $V + \lambda_L > 0$ に対して波数と同じ次元（長さの -1 乗の次元）をもつパラメータ

$$\widetilde{k} = \sqrt{\frac{2m(V + \lambda_L)}{\hbar^2}} > 0 \quad \text{(A.7)}$$

を導入し，無次元変数 $y = r\widetilde{k}$ を定義すると，方程式 (A.5) は

$$\frac{d^2}{dy^2} \chi_L - \frac{L(L+1)}{y^2} \chi_L + \chi_L = 0 \quad \text{(A.8)}$$

となる. ここで新たに動径波動関数

$$\chi_L(y) := yR_L(r) \quad \text{(A.9)}$$

を導入した.

　方程式 (A.8) の解を求めるために，まず $y = 0$ 近傍における解のふるまいを調べる. $y \sim 0$ において，式 (A.8) の最後の項は無視できるから，

$$\frac{d^2}{dy^2} \chi_L - \frac{L(L+1)}{y^2} \chi_L = 0 \quad \text{(A.10)}$$

となる. その解は，

$$\chi_L = （定数） \times y^{L+1} \quad \text{(A.11)}$$

或いは，

$$\chi_L = （定数） \times y^{-L} \quad \text{(A.12)}$$

と求まる. 後者の負ベキ解は，原点において波動関数が発散するので適さない. したがって，$y \to 0$ における漸近解は $\chi_L = （定数） \times y^{L+1}$ となる.

　次に領域 $0 \leq y \leq \frac{a}{k}$ における一般解を求めるために，y のベキ級数和で書けるような関数 $g_L(y)$ を導入して

$$\chi_L(y) = y^{L+1} g_L(y) \quad \text{(A.13)}$$

とおく. これを式 (A.8) に代入すれば，$g_L(y)$ の満たす方程式は

$$\left\{ \frac{d^2}{dy^2} + \frac{2(L+1)}{y} \frac{d}{dy} + 1 \right\} g_L = 0 \quad \text{(A.14)}$$

となる．この方程式 (A.14) から g_L に関する漸化式

$$g_{L+1} = \frac{1}{y} \frac{d}{dy} g_L \qquad (A.15)$$

が得られ，これにより g_0 が与えられれば芋づる式に g_L が求められる．以下，この漸化式を証明する．まず式 (A.14) の両辺を y で微分すると

$$\left\{ \frac{d^2}{dy^2} + \frac{2(L+1)}{y} \frac{d}{dy} + 1 - \frac{2(L+1)}{y^2} \right\} \frac{d}{dy} g_L = 0 \qquad (A.16)$$

となる．ここで $\frac{d}{dy} g_L = yF(y)$ とおいて上式の左辺に代入すると

$$\left\{ \frac{d^2}{dy^2} + \frac{2(L+1)}{y} \frac{d}{dy} + 1 - \frac{2(L+1)}{y^2} \right\} yF$$

$$= \left\{ y \frac{d^2}{dy^2} + 2 \frac{d}{dy} + 2(L+1)\frac{d}{dy} + \frac{2(L+1)}{y} + y - \frac{2(L+1)}{y} \right\} F$$

$$= y \left\{ \frac{d^2}{dy^2} + \frac{2(L+2)}{y} \frac{d}{dy} + 1 \right\} F = 0$$

$$\Rightarrow \quad \left\{ \frac{d^2}{dy^2} + \frac{2(L+2)}{y} \frac{d}{dy} + 1 \right\} F = 0 \qquad (A.17)$$

となって F は g_{L+1} と同じ微分方程式を満たすことがわかる：$F = g_{L+1}$．したがって，漸化式 (A.15) が証明された．

次に g_0 を求める．方程式 (A.14) において $L = 0$ とおくと

$$\left(\frac{d^2}{dy^2} + \frac{2}{y} \frac{d}{dy} + 1 \right) g_0 = 0 \quad \Rightarrow \quad \left(\frac{d^2}{dy^2} + 1 \right)(yg_0) = 0$$

$$\Rightarrow \quad yg_0 = b_0 \sin y + b_1 \cos y. \qquad (A.18)$$

ここで b_0, b_1 は複素数定数である．式 (A.18) の $\frac{\sin y}{y}$ と $\frac{\cos y}{y}$ は二つの独立な解であるが，原点で正則な解は前者であるから $b_1 = 0$ として，$g_0 = b_0 \frac{\sin y}{y}$ を採用する．

以下，低次の L の例をいくつか見てみよう．式 (A.9) と式 (A.13) より，動径波動関数 R_L は

$$R_L(r) = y^L g_L(y) \qquad (A.19)$$

と書ける．$L = 0$ のとき $R_0 = g_0$ であるから，

$$R_0 = b_0 \frac{\sin y}{y} \qquad (A.20)$$

を得る．$L \geq 1$ に対しては順次漸化式を適用して

$$g_1 = \frac{1}{y} \frac{d}{dy} g_0 = b_0 \left(\frac{\cos y}{y^2} - \frac{\sin y}{y^3} \right) \quad \Rightarrow \quad R_1 = yg_1 = b_0 \left(\frac{\cos y}{y} - \frac{\sin y}{y^2} \right). \qquad (A.21)$$

演習 3.1 の解答　　　　　　**157**

$b_0 = 1$ として漸化式と式 (A.19) から得られる $R_L(r)$ は，因子 $(-1)^L$ をつければ，球ベッセル (Bessel) 関数 $j_L(y) = (-1)^L R_L(r)$ を与える：

$$j_0(y) = \frac{\sin y}{y},$$

$$j_1(y) = \frac{\sin y}{y^2} - \frac{\cos y}{y},$$

$$j_2(y) = \frac{3 - y^2}{y^3} \sin y - \frac{3\cos y}{y^2},$$

$$\vdots$$

以上のことから，原点で正則な方程式 (A.5) の解は

$$R_L(r) = a_L\, j_L(\widetilde{k}r), \quad 0 \le r < a \tag{A.22}$$

となる．ここで a_L は規格化定数である．

ちなみに，式 (A.18) において $b_0 = 0$, $b_1 = -1$ の場合，つまりもう一つの独立解 $g_0 = -\frac{\cos y}{y}$ に漸化式 (A.15) を適用して得られる R_L は，同じく因子 $(-1)^L$ をつければ，球ノイマン (Neumann) 関数 $n_L(y) = (-1)^L R_L(r)$ となる：

$$n_0(y) = -\frac{\cos y}{y},$$

$$n_1(y) = -\frac{\cos y}{y^2} - \frac{\sin y}{y},$$

$$n_2(y) = -\frac{3 - y^2}{y^3} \cos y - \frac{3\sin y}{y^2},$$

$$\vdots$$

球ベッセル関数 $j_L(y)$ と球ノイマン関数 $n_L(y)$ は方程式 (A.5) の独立な二つの解の組を与えるので，一般解はそれらの線形結合であるが，この問題では原点における境界条件（正則性）により球ベッセル関数が解 (A.22) として採用されている（図 A.1 参照）．

領域 $0 \le r < a$ の別解　ここでは，水素原子や 1 次元調和振動子の解を求めたときと同じように，方程式 (A.8) の解をベキ級数展開を用いて求める．原点における境界条件を満たす解は式 (A.19) と同じく

$$R_L(r) = y^L g_L(y) \tag{A.23}$$

とおく．ただし，ここでは $g_L(y)$ を y の正ベキ級数として

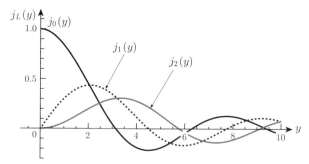

図 A.1 原点近傍を含む球ベッセル関数 $j_L(y)$ のふるまい．それぞれ j_0 は黒実線，j_1 は黒破線，j_2 は灰実線に対応する．

$$g_L(y) = \sum_{n=0}^{\infty} b_n y^n \tag{A.24}$$

と定義する．$y \to 0$ における漸近解を再現するためには，$b_0 \neq 0$ である必要がある．これを式 (A.8) に代入すれば，

$$\sum_{n=0}^{\infty} \left\{ \frac{d^2}{dy^2} - \frac{L(L+1)}{y^2} + 1 \right\} b_n y^{n+L+1} = 0$$

$$\Rightarrow \sum_{n=0}^{\infty} \left\{ (n+L+1)(n+L)b_n y^{n+L-1} - L(L+1)b_n y^{n+L-1} + b_n y^{n+L+1} \right\} = 0$$

$$\Rightarrow (1+L+1)(1+L)b_1 y^{1+L-1} - L(L+1)b_1 y^{1+L-1}$$
$$+ \sum_{n=2}^{\infty} \left\{ (n+L+1)(n+L)b_n y^{n+L-1} - L(L+1)b_n y^{n+L-1} \right\}$$
$$+ \sum_{n=0}^{\infty} b_n y^{n+L+1} = 0$$

$$\Rightarrow (L+2)(L+1)b_1 y^L - L(L+1)b_1 y^L$$
$$+ \sum_{n=0}^{\infty} \left\{ (n+L+3)(n+L+2)b_{n+2} y^{n+L+1} - L(L+1)b_{n+2} y^{n+L+1} \right\}$$
$$+ \sum_{n=0}^{\infty} b_n y^{n+L+1} = 0$$

$$\Rightarrow 2(L+1)b_1 y^L + \sum_{n=0}^{\infty} \left\{ (2L+n+3)(n+2)b_{n+2} + b_n \right\} y^{n+L+1} = 0. \tag{A.25}$$

演習 3.1 の解答

各ベキの項を比べると

$$b_1 = 0, \tag{A.26}$$

$$(2L + n + 3)(n + 2)b_{n+2} + b_n = 0, \quad n = 0, 1, 2, \ldots \tag{A.27}$$

が得られる．これより奇数の n に対して展開係数はゼロになる：

$$b_1 = b_3 = b_5 = \cdots = 0. \tag{A.28}$$

一方，$n = 0$ を含む偶数の n に対しては，以下の漸化式が得られる：

$$
\begin{aligned}
b_{n+2} &= \frac{-1}{(2L + n + 3)(n + 2)} \, b_n, \quad n = 0, 2, 4, \ldots \\
&= \frac{-1}{(2L + n + 3)(n + 2)} \frac{-1}{(2L + n + 1)n} \frac{-1}{(2L + n - 1)(n - 2)} \cdots \\
&\quad \times \frac{-1}{(2L + 3)2} \, b_0 \\
&= \left\{ \prod_{m=0}^{\frac{n}{2}} \frac{-1}{(2L + n + 3 - 2m)(n + 2 - 2m)} \right\} b_0 \\
\Rightarrow \quad b_n &= \left\{ \prod_{m=0}^{\frac{n}{2}-1} \frac{-1}{(2L + n - 2m + 1)(n - 2m)} \right\} b_0, \quad n = 2, 4, 6, \ldots
\end{aligned}
\tag{A.29}
$$

以下，後のために b_n を階乗の積で表現する．偶数 n を $n = 2s$, $s = 0, 1, 2, \ldots$ と表して，

$$
\begin{aligned}
\Rightarrow \quad b_{2s} &= \left\{ \prod_{m=0}^{s-1} \frac{-1}{(2L + 2s - 2m + 1)(2s - 2m)} \right\} b_0, \quad s = 1, 2, 3, \ldots \\
&= (-1)^s \times \left\{ \prod_{m=0}^{s-1} \frac{1}{(2L + 2s - 2m + 1)(2L + 2s - 2m)} \frac{2L + 2s - 2m}{2s - 2m} \right\} b_0 \\
&= (-1)^s \left(\prod_{m=0}^{2s-1} \frac{1}{2L + 2s + 1 - m} \right) \left(\prod_{m=0}^{s-1} \frac{L + s - m}{s - m} \right) b_0 \\
&= (-1)^s \frac{(2L + 1)!}{(2L + 2s + 1)!} \frac{(L + s)!}{L! \, s!} \, b_0.
\end{aligned}
\tag{A.30}
$$

したがって動径波動関数は

$$
\begin{aligned}
R_L(r) &= y^L g_L(y) \\
&= b_0 \frac{(2L + 1)!}{L!} \sum_{s=0}^{\infty} (-1)^s \frac{(L + s)!}{(2L + 2s + 1)! \, s!} \, y^{L+2s}
\end{aligned}
\tag{A.31}
$$

160　　　　　　　　　演習 3.1 の解答

と与えられる.

　以下，低次の L の例をいくつか見てみよう．波動関数に含まれるベキ級数は三角関数によって表現されるので，そのベキ展開表示を以下に与える：

$$\cos y = \sum_{s=0}^{\infty} (-1)^s \frac{1}{(2s)!} y^{2s}, \quad \sin y = \sum_{s=0}^{\infty} (-1)^s \frac{1}{(2s+1)!} y^{2s+1}. \quad \text{(A.32)}$$

ベキ展開式 (A.31) において $L = 0, 1, 2$ をそれぞれ代入し，三角関数を使って整理すると以下のような結果が得られる：

$$R_0 = b_0 \sum_{s=0}^{\infty} (-1)^s \frac{1}{(2s+1)!} y^{2s} = b_0 \frac{1}{y} \sum_{s=0}^{\infty} (-1)^s \frac{1}{(2s+1)!} y^{2s+1}$$

$$= b_0 \frac{\sin y}{y}, \quad \text{(A.33)}$$

$$R_1 = b_0 \sum_{s=0}^{\infty} (-1)^s \frac{3!}{(2s+3)!} \frac{(s+1)!}{s!} y^{2s+1} = 6b_0 \sum_{s=0}^{\infty} (-1)^s \frac{s+1}{(2s+3)!} y^{2s+1}$$

$$= 6b_0 \sum_{s=1}^{\infty} (-1)^{s-1} \frac{s}{(2s+1)!} y^{2s-1} = 6b_0 \sum_{s=0}^{\infty} (-1)^{s-1} \frac{s}{(2s+1)!} y^{2s-1}$$

$$= 6b_0 \sum_{s=0}^{\infty} (-1)^{s-1} \frac{1}{2} \left\{ \frac{1}{(2s)!} - \frac{1}{(2s+1)!} \right\} y^{2s-1}$$

$$= 3b_0 \left\{ \sum_{s=0}^{\infty} \frac{(-1)^s}{(2s+1)!} y^{2s-1} - \sum_{s=0}^{\infty} \frac{(-1)^s}{(2s)!} y^{2s-1} \right\}$$

$$= 3b_0 \left\{ \frac{1}{y^2} \sum_{s=0}^{\infty} \frac{(-1)^s}{(2s+1)!} y^{2s+1} - \frac{1}{y} \sum_{s=0}^{\infty} \frac{(-1)^s}{(2s)!} y^{2s} \right\}$$

$$= 3b_0 \left(\frac{\sin y}{y^2} - \frac{\cos y}{y} \right), \quad \text{(A.34)}$$

$$R_2 = b_0 \frac{5!}{2!} \sum_{s=0}^{\infty} (-1)^s \frac{(2+s)!}{(2s+5)! \, s!} y^{2s+2} = 60b_0 \sum_{s=0}^{\infty} (-1)^s \frac{(s+2)(s+1)}{(2s+5)!} y^{2s+2}$$

$$= 60b_0 \sum_{s=1}^{\infty} (-1)^{s-1} \frac{(s+1)s}{(2s+3)!} y^{2s} = 60b_0 \sum_{s=0}^{\infty} (-1)^{s-1} \frac{(s+1)s}{(2s+3)!} y^{2s}$$

$$= 60b_0 \sum_{s=0}^{\infty} (-1)^{s-1} \frac{s}{2} \left\{ \frac{1}{(2s+2)!} - \frac{1}{(2s+3)!} \right\} y^{2s}$$

$$= 30b_0 \sum_{s=0}^{\infty} (-1)^{s-1} \frac{1}{2} \left\{ \frac{1}{(2s+1)!} - \frac{2}{(2s+2)!} - \frac{1}{(2s+2)!} + \frac{3}{(2s+3)!} \right\} y^{2s}$$

演習 3.1 の解答　　　　161

$$
= 15b_0 \sum_{s=0}^{\infty} (-1)^{s-1} \left\{ \frac{1}{(2s+1)!} - \frac{3}{(2s+2)!} + \frac{3}{(2s+3)!} \right\} y^{2s}
$$

$$
= 15b_0 \sum_{s=0}^{\infty} (-1)^{s-1} \left\{ \frac{1}{(2s+1)!} - \frac{6(s+1)}{(2s+3)!} \right\} y^{2s}
$$

$$
= -15b_0 \left\{ \frac{1}{y} \sum_{s=0}^{\infty} \frac{(-1)^s}{(2s+1)!} y^{2s+1} - \sum_{s=1}^{\infty} \frac{6(-1)^{s-1} s}{(2s+1)!} y^{2s-2} \right\}
$$

$$
= -15b_0 \left[\frac{1}{y} \sum_{s=0}^{\infty} \frac{(-1)^s}{(2s+1)!} y^{2s+1} + \sum_{s=0}^{\infty} \frac{6(-1)^s}{2} \left\{ \frac{1}{(2s)!} - \frac{1}{(2s+1)!} \right\} y^{2s-2} \right]
$$

$$
= -15b_0 \left[\frac{1}{y} \sum_{s=0}^{\infty} \frac{(-1)^s}{(2s+1)!} y^{2s+1} + 3 \sum_{s=0}^{\infty} \left\{ \frac{1}{y^2} \frac{(-1)^s}{(2s)!} y^{2s} - \frac{1}{y^3} \frac{(-1)^s}{(2s+1)!} y^{2s+1} \right\} \right]
$$

$$
= -15b_0 \left(\frac{\sin y}{y} + 3 \frac{\cos y}{y^2} - 3 \frac{\sin y}{y^3} \right). \tag{A.35}
$$

これらの結果は，それぞれ球ベッセル関数に比例していることがわかる．

領域 $a < r$ の解　領域 $0 \leq r < a$ のときと同様に，長さの -1 乗の次元をもつ量（波数と同じ次元）

$$
k \equiv \sqrt{\frac{2m|\lambda_L|}{\hbar^2}} \tag{A.36}
$$

を導入し，無次元変数 $x = rk$ を定義すると，方程式 (A.6) は

$$
\frac{d^2}{dx^2} \chi_L - \frac{L(L+1)}{x^2} \chi_L - \chi_L = 0 \tag{A.37}
$$

となる．ここで $\chi_L(x) = x R_L(r)$ である．

　今束縛状態を考えているので χ_L は遠方でゼロに漸近する．ここで十分遠方（$x \to \infty$）を考えて，方程式 (A.37) における x^{-2} の項を落とすと，

$$
\left(\frac{d^2}{dx^2} - 1 \right) \chi_L = 0 \tag{A.38}
$$

となる．その解は $\chi_L \propto e^{\pm x}$ であるが，遠方でゼロに漸近する解であるから

$$
\chi_L \propto e^{-x} \tag{A.39}
$$

を採用する．

　この漸近解を満たす一般解を求めたい．ここで方程式 (A.37) を領域 $0 \leq r < a$ の方程式 (A.8) と比べると，左辺の最後の項の符号が逆になっていることを除けば同じであることがわかる．つまり，方程式 (A.8) において $\widetilde{k} \to ik$（或いは $y \to ix$）と読

み替えれば[1]，方程式 (A.37) が導かれる．したがって，方程式 (A.8) の一般解におい て $y \to ix$ と変数を読み替えたとき，遠方での束縛状態の解を満たす組み合わせが方 程式 (A.37) の解となる．

$g_0(y)$ の一般解は式 (A.18) で与えられるが，この一般解において $y \to ix$ と置き換 えたときに遠方での漸近解 (A.39) を満たす b_0, b_1 の組み合わせを探すと，$b_0 = ib_1$ とした場合

$$y g_0(y) = b_1 \big(i \sin y + \cos y \big) = b_1 e^{iy} \tag{A.40}$$

が該当する[2]．g_L に対する漸化式 (A.15) はそのまま適用できるので式 (A.40) の $g_0(y)$ から出発してすべての $g_L(y)$ が求められる．$b_1 = -i$ として式 (A.40) から漸化式を 使って得られる $R_L(r) = y^L g_L(y)$ は，因子 $(-1)^L$ をつければ，**第一種球ハンケル** (Hankel) **関数** $h_L^{(1)}(y) = (-1)^L R_L(r) = j_L(y) + i n_L(y)$ となる[3]：

$$h_0^{(1)}(y) = -i \frac{e^{iy}}{y}, \tag{A.42}$$

$$h_1^{(1)}(y) = -\frac{e^{iy}}{y}\left(1 + \frac{i}{y}\right), \tag{A.43}$$

$$h_2^{(1)}(y) = i \frac{e^{iy}}{y}\left(1 + \frac{3i}{y} - \frac{3}{y^2}\right) \tag{A.44}$$
$$\vdots$$

以上をまとめると，遠方の漸近解を満たす方程式 (A.37) の解は，第一種球ハンケル 関数 $h_L^{(1)}(y)$ において $y \to ix$ $(\widetilde{k} \to ik)$ と置き換えれば得られる：

$$R_L(r) = c_L h_L^{(1)}(ikr), \quad a < r. \tag{A.45}$$

ここで c_L は規格化係数である．虚数変数に対する第一種球ハンケル関数 $h_L^{(1)}(ix)$ の ふるまいを図 A.2 に示す．

領域 $a < r$ の別解　ここでは，方程式 (A.37) の解をベキ級数展開を用いて求める． 遠方での漸近解は式 (A.39) で与えられるので，これを満たすような動径波動関数を 負ベキ関数 $f(x)$ を用いて以下のように表す：

---

[1] このようにパラメータや変数の定義域を複素空間を含め拡張することを**解析接続**という．

[2] つまり，二つの独立解 (A.18) を $e^{\pm ix}$ と表したときの e^{ix} を採用したことになる．

[3] 第二種球ハンケル関数

$$h_L^{(2)}(y) = j_L(y) - i n_L(y) \tag{A.41}$$

と併せて，$h_L^{(1)}(y)$ と $h_L^{(2)}(y)$ は方程式 (A.8) の二つの独立な解である．

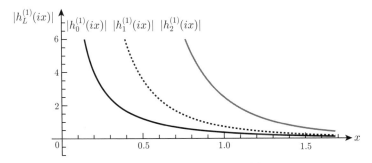

図 A.2 遠方 ($x > 1$) を含む第一種球ハンケル関数 $h_L^{(1)}(ix)$ のふるまい. それぞれ $h_0^{(1)}$ は黒実線, $h_1^{(1)}$ は黒破線, $h_2^{(1)}$ は灰実線に対応する.

$$\chi_L = f_L(x)e^{-x}, \tag{A.46}$$

$$f(x) = \sum_{n=0}^{\infty} a_n x^{-n}. \tag{A.47}$$

漸近解を再現するためには $a_0 \neq 0$ でなければならない. 式 (A.46) を方程式 (A.37) に代入すると, f に関する微分方程式が得られる:

$$\left(f_L'' - 2f_L' + f_L\right)e^{-x} - \frac{L(L+1)}{x^2}f_L e^{-x} - f_L e^{-x} = 0$$

$$\Rightarrow \quad f_L'' - \frac{L(L+1)}{x^2}f_L - 2f_L' = 0. \tag{A.48}$$

この式に式 (A.47) を代入すれば, 以下のようにベキ展開係数 a_n に関する漸化式が得られる:

$$\sum_{n=0}^{\infty}\left\{n(n+1) - L(L+1)\right\}a_n x^{-(2+n)} + \sum_{n=0}^{\infty} 2na_n x^{-(1+n)} = 0$$

$$\Rightarrow \quad \sum_{n=0}^{\infty}\left\{n(n+1) - L(L+1)\right\}a_n x^{-(2+n)} + \sum_{n=0}^{\infty} 2(n+1)a_{n+1}x^{-(2+n)} = 0. \tag{A.49}$$

各項を比較すると

$$\left\{n(n+1) - L(L+1)\right\}a_n + 2(n+1)a_{n+1} = 0 \tag{A.50}$$

$$\Rightarrow \quad a_{n+1} = \frac{L(L+1) - n(n+1)}{2(n+1)}a_n \tag{A.51}$$

$$\Rightarrow \quad a_{n+1} = \frac{L(L+1) - n(n+1)}{2(n+1)}\frac{L(L+1) - (n-1)n}{2n}$$

演習 3.1 の解答

$$\times \frac{L(L+1)-(n-2)(n-1)}{2(n-1)} \cdots \frac{L(L+1)-1\cdot 2}{2\cdot 2} \frac{L(L+1)}{2} a_0$$

$$= \left\{ \prod_{m=0}^{n} \frac{L(L+1)-m(m+1)}{2(m+1)} \right\} a_0, \quad L > n \geq 0. \tag{A.52}$$

以上の結果から,

- 式 (A.51) より, a_{L+1} 以上の高次はゼロになる.
- 式 (A.52) より, a_0 が与えられれば, $a_1, a_2, \ldots, a_L$ に有限の値が与えられる.

このように L の値によって f_L の形が制限される. f_L の形は以下のようにまとめられる:

$$f_L(x) = a_0 \sum_{n=0}^{L} \left\{ \delta_{n,0} + (1-\delta_{n,0}) \prod_{m=0}^{n-1} \frac{L(L+1)-m(m+1)}{2(m+1)} \right\} \frac{1}{x^n}. \tag{A.53}$$

以下, 低次の L に対する例を挙げる. 式 (A.53) で $L = 0, 1, 2, 3$ を代入すると

$$f_0(x) = a_0, \tag{A.54}$$

$$f_1(x) = a_0 \sum_{n=0}^{1} \left\{ \delta_{n,0} + (1-\delta_{n,0}) \prod_{m=0}^{n-1} \frac{1(1+1)-m(m+1)}{2(m+1)} \right\} \frac{1}{x^n}$$

$$= a_0 \left[1 + \left\{ \prod_{m=0}^{0} \frac{2-m(m+1)}{2(m+1)} \right\} \frac{1}{x} \right] = a_0 \left(1 + \frac{1}{x} \right), \tag{A.55}$$

$$f_2(x) = a_0 \sum_{n=0}^{2} \left\{ \delta_{n,0} + (1-\delta_{n,0}) \prod_{m=0}^{n-1} \frac{2(2+1)-m(m+1)}{2(m+1)} \right\} \frac{1}{x^n}$$

$$= a_0 \left[1 + \left\{ \prod_{m=0}^{0} \frac{6-m(m+1)}{2(m+1)} \right\} \frac{1}{x} + \left\{ \prod_{m=0}^{1} \frac{6-m(m+1)}{2(m+1)} \right\} \frac{1}{x^2} \right]$$

$$= a_0 \left(1 + \frac{3}{x} + \frac{3\cdot 1}{x^2} \right), \tag{A.56}$$

$$f_3(x) = a_0 \sum_{n=0}^{3} \left\{ \delta_{n,0} + (1-\delta_{n,0}) \prod_{m=0}^{n-1} \frac{3(3+1)-m(m+1)}{2(m+1)} \right\} \frac{1}{x^n}$$

$$= a_0 \left[1 + \left\{ \prod_{m=0}^{0} \frac{12-m(m+1)}{2(m+1)} \right\} \frac{1}{x} + \left\{ \prod_{m=0}^{1} \frac{12-m(m+1)}{2(m+1)} \right\} \frac{1}{x^2} \right.$$

$$\left. + \left\{ \prod_{m=0}^{2} \frac{12-m(m+1)}{2(m+1)} \right\} \frac{1}{x^3} \right]$$

$$= a_0 \left(1 + \frac{6}{x} + \frac{6 \cdot \frac{10}{4}}{x^2} + \frac{6 \cdot \frac{10}{4} \cdot 1}{x^3} \right) = a_0 \left(1 + \frac{6}{x} + \frac{15}{x^2} + \frac{15}{x^3} \right) \quad \text{(A.57)}$$

を得る．これらの級数で表現される動径波動関数

$$R_L = \frac{\chi_L(x)}{x} = f_L(x) \frac{e^{-x}}{x} \quad \text{(A.58)}$$

は，第一種球ハンケル関数の変数を純虚数にしたものと位相係数を除いて同等である．

境界 $r = a$ での条件　前段までに領域 $0 \leq r < a$ と領域 $a < r$ において，それぞれ方位量子数 L が与えられたときの波動関数を求めた．ここでは二つの領域の境界 $r = a$ において波動関数を滑らかにつなぐことで，エネルギー固有値が決まることを見る．式 (A.22) と式 (A.45) より，それぞれの領域の波動関数は

$$0 \leq r < a, \quad R_L(r) = a_L j_L(r\widetilde{k}), \quad \text{(A.59)}$$

$$a < r, \qquad R_L(r) = c_L h_L^{(1)}(irk) \quad \text{(A.60)}$$

となる．滑らかな接続条件とは，境界 $r = a$ において波動関数とその導関数が連続につながる条件である：

$$a_L j_L(a\widetilde{k}) = c_L h_L^{(1)}(iak), \quad \text{(A.61)}$$

$$a_L \left. \frac{dj_L(r\widetilde{k})}{dr} \right|_{r=a} = c_L \left. \frac{dh_L^{(1)}(irk)}{dr} \right|_{r=a}. \quad \text{(A.62)}$$

この条件式を係数の組 (a_L, c_L) に作用する行列を用いて表現すると

$$\begin{pmatrix} j_L(a\widetilde{k}) & -h_L^{(1)}(iak) \\ \frac{dj_L(a\widetilde{k})}{dr} & -\frac{dh_L^{(1)}(iak)}{dr} \end{pmatrix} \begin{pmatrix} a_L \\ c_L \end{pmatrix} = 0 \quad \text{(A.63)}$$

となる．接続条件が非自明な解（つまり $a_L \neq 0, c_L \neq 0$）をもつためには逆行列が存在してはいけないから

$$\begin{vmatrix} j_L(a\widetilde{k}) & -h_L^{(1)}(iak) \\ \frac{dj_L(a\widetilde{k})}{dr} & -\frac{dh_L^{(1)}(iak)}{dr} \end{vmatrix} = 0 \quad \text{(A.64)}$$

が必要である．この特性方程式からエネルギー固有値が求められる．

例として，L の低次に対してエネルギー固有値を求める．

$L = 0$ のとき　特性方程式は以下のようになる：

$$\begin{vmatrix} j_0(a\widetilde{k}) & -h_0^{(1)}(iak) \\ \frac{dj_0(a\widetilde{k})}{dr} & -\frac{dh_0^{(1)}(iak)}{dr} \end{vmatrix} = \begin{vmatrix} \frac{\sin(a\widetilde{k})}{a\widetilde{k}} & \frac{e^{-ak}}{ak} \\ \left\{ \cos(a\widetilde{k}) - \frac{\sin(a\widetilde{k})}{a\widetilde{k}} \right\} \frac{1}{a} & -\left(1 + \frac{1}{ak} \right) \frac{e^{-ak}}{a} \end{vmatrix} = 0$$

$$\Rightarrow \quad \left(1 + \frac{1}{ak}\right)\frac{\sin(a\widetilde{k})}{\widetilde{k}} + \left\{\cos(a\widetilde{k}) - \frac{\sin(a\widetilde{k})}{a\widetilde{k}}\right\}\frac{1}{k} = 0$$

$$\Rightarrow \quad a\widetilde{k}\cot(a\widetilde{k}) = -ak. \tag{A.65}$$

ここで $\alpha = ak$ および $\beta = a\widetilde{k}$ とおくと, k と $\widetilde{k}$ は

$$\widetilde{k} = \sqrt{\frac{2m(V+\lambda_L)}{\hbar^2}}, \quad k = \sqrt{\frac{2m|\lambda_L|}{\hbar^2}} \tag{A.66}$$

のように与えられていたので, 式 (A.65) と式 (A.66) から

$$\beta^2 + \alpha^2 = \frac{2ma^2V}{\hbar^2}, \tag{A.67}$$

$$\alpha = -\beta\cot\beta \tag{A.68}$$

が得られる. したがって, 式 (A.67) の右辺のパラメータ $\gamma^2 \equiv \frac{2ma^2V}{\hbar^2}$ の値が与えられれば, α-β 空間における式 (A.67) と式 (A.68) の交点からエネルギー固有値が求められる.

式 (A.67) は α-β 空間において半径 γ の円を表すから, 図 A.3 からわかるように

$$0 = -\beta\cot\beta \quad \Rightarrow \quad \beta = \frac{\pi}{2}, \frac{3\pi}{2}, \frac{5\pi}{2}, \cdots \tag{A.69}$$

$\alpha > 0$ であるから, 式 (A.67) と式 (A.68) の交点の数は, $0 \leq \gamma < \frac{\pi}{2}$ に対して 0 個, $\frac{\pi}{2} \leq \gamma < \frac{3\pi}{2}$ に対して 1 個, $\frac{3\pi}{2} \leq \gamma < \frac{5\pi}{2}$ に対して 2 個, とパラメータ γ が大きくなると, つまり, a 或いは V が大きくなると, 束縛状態の数が「閾値」を超えるごとに増えていく.

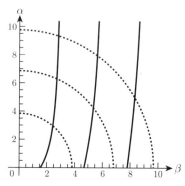

図 A.3　$L = 0$ の場合の束縛状態（曲線の交点）

$L = 1$ のとき

$$
\begin{vmatrix}
j_1(a\widetilde{k}) & -h_1^{(1)}(iak) \\
\frac{dj_1(a\widetilde{k})}{dr} & -\frac{dh_1^{(1)}(iak)}{dr}
\end{vmatrix}
$$

$$
=
\begin{vmatrix}
\frac{\sin(a\widetilde{k})}{(a\widetilde{k})^2} - \frac{\cos(a\widetilde{k})}{(a\widetilde{k})} & -i\left\{\frac{1}{ak} + \frac{1}{(ak)^2}\right\}e^{-ak} \\
\left\{-2\frac{\sin(a\widetilde{k})}{(a\widetilde{k})^3} + 2\frac{\cos(a\widetilde{k})}{(a\widetilde{k})^2} + \frac{\sin(a\widetilde{k})}{(a\widetilde{k})}\right\}\widetilde{k} & i\left\{2\frac{1}{(ak)^3} + 2\frac{1}{(ak)^2} + \frac{1}{ak}\right\}e^{-ak}k
\end{vmatrix}
$$

$$
= 0 \tag{A.70}
$$

$$
\Rightarrow \left(\frac{1}{\alpha} + \frac{1}{\alpha^2}\right)\left(-2\frac{\sin\beta}{\beta^3} + 2\frac{\cos\beta}{\beta^2} + \frac{\sin\beta}{\beta}\right)\beta
$$

$$
+ \left(\frac{\sin\beta}{\beta^2} - \frac{\cos\beta}{\beta}\right)\left(2\frac{1}{\alpha^3} + 2\frac{1}{\alpha^2} + \frac{1}{\alpha}\right)\alpha = 0
$$

$$
\Rightarrow \frac{1}{\alpha} + \frac{1}{\alpha^2} + \frac{1 - \beta\cot\beta}{\beta^2} = 0. \tag{A.71}
$$

これを α^{-1} について解くと

$$
\alpha^{-1} = \frac{-1 \pm \sqrt{1 - 4\frac{1-\beta\cot\beta}{\beta^2}}}{2} \quad \Rightarrow \quad \alpha = \frac{-\beta^2 \pm \sqrt{\beta^4 - 4(1 - \beta\cot\beta)\beta^2}}{2(1 - \beta\cot\beta)}. \tag{A.72}
$$

この式と $\alpha^2 + \beta^2 = \gamma^2$ からエネルギー固有値が求められる. $\alpha > 0$, $\beta > 0$ であるから, α の二つの解のうち

$$
\alpha = \frac{-\beta^2 - \sqrt{\beta^4 - 4(1 - \beta\cot\beta)\beta^2}}{2(1 - \beta\cot\beta)} \tag{A.73}
$$

が関与する. この式において $\alpha = 0$ になる β は

$$
\beta = \pi, 2\pi, 3\pi, \ldots \tag{A.74}
$$

であり, 図 A.4 からわかるように γ がこれらの値を超えるたびに束縛状態の数は一つずつ増加する.

補足：パリティ 井戸型ポテンシャルのハミルトニアン (3.72) は空間反転（$\boldsymbol{x} \to -\boldsymbol{x}$）に対して不変であるから, 空間反転に対する波動関数の偶奇性（パリティ）は, 3.4 節の水素様原子に関する議論と同様に球面調和関数の変換性 (3.70) から, $(-1)^L$ と与えられる.

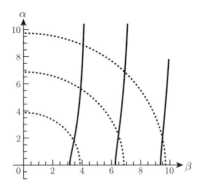

図 A.4　$L=1$ の場合の束縛状態（曲線の交点）

● 演習 3.4

【解答例】

3.4 節では 3 次元ポテンシャル問題の例として，原子番号 Z に対応する水素様原子のエネルギー固有値問題を扱った．その際，水素様原子における原子核と電子の内部エネルギーのハミルトニアンは回転対称であるから，方位量子数 L が与えられた場合の動径方向のシュレーディンガー方程式 (3.48) を解く問題に還元された．問題を解く便宜上，式 (3.48) を以下のように書き換える：

$$R'' + \frac{2}{\rho}R' + \left\{-\frac{1}{4} + \frac{n}{\rho} - \frac{L(L+1)}{\rho^2}\right\}R = 0$$

$$\Rightarrow \quad (\rho R)'' + \left\{-\frac{L(L+1)}{\rho^2} + \frac{n}{\rho} - \frac{1}{4}\right\}(\rho R) = 0. \tag{A.75}$$

ここで水素原子に対応させるために，式 (3.46) において $Z=1$ とおけば，

$$\rho = \frac{2}{nr_\mathrm{B}}r. \tag{A.76}$$

さらに，動径波動関数 R に量子数 (n, L) の添え字をつけて

$$R_{n,L}(\rho) = \frac{\chi_{n,L}(\rho)}{\rho} \tag{A.77}$$

と定義する．固有関数 $\chi_{n,L}(\rho)$ は方程式 (A.75) を満たすから

$$\chi''_{n,L} + \left\{-\frac{L(L+1)}{\rho^2} + \frac{n}{\rho} - \frac{1}{4}\right\}\chi_{n,L} = 0. \tag{A.78}$$

ただし，エネルギー固有値の主量子数 n には以下の条件がつく：

$$n \geq L+1. \tag{A.79}$$

ここで固有関数 $R_{n,L}$ と $\chi_{n,L}$ による規格化を明確にしておく．式 (3.66) より球面

演習 3.4 の解答

調和関数はすでに規格化されているから

$$1 = \int d^3x\, \psi_{n,L,M}^*(\boldsymbol{x})\psi_{n,L,M}(\boldsymbol{x}) = \int_0^\infty dr\, r^2 R_{n,L}^2\left(\frac{2}{nr_{\rm B}}r\right)$$

$$= \left(\frac{2}{nr_{\rm B}}\right)^{-3}\int_0^\infty d\rho\, \chi_{n,L}^2(\rho) \tag{A.80}$$

という関係が得られる．したがって一般に r の演算子 $\mathcal{O}(r)$ の量子数 (n, L, M) の固有状態による期待値は

$$\langle\mathcal{O}(r)\rangle_{nLM} = \int_0^\infty dr\, r^2 R_{n,L}^*(r)\mathcal{O}(r)R_{n,L}(r)$$

$$= \left(\frac{2}{nr_{\rm B}}\right)^{-3}\int_0^\infty d\rho\, \chi_{n,L}^*(\rho)\mathcal{O}\left(\frac{nr_{\rm B}}{2}\rho\right)\chi_{n,L}(\rho)$$

$$=: \left(\frac{2}{nr_{\rm B}}\right)^{-3}\left\langle\mathcal{O}\left(\frac{nr_{\rm B}}{2}\rho\right)\right\rangle \tag{A.81}$$

となる．ここで

$$\langle\cdots\rangle := \int_0^\infty d\rho\, \chi_{n,L}^*(\rho)\cdots\chi_{n,L}(\rho) \tag{A.82}$$

と定義した．これらの定義を用いると，量子数 (n, L, M) の固有状態による r^{-1} の期待値は，

$$\left\langle\frac{1}{r}\right\rangle_{nLM} := \int d^3x\, \psi_{n,L,M}^*(\boldsymbol{x})\frac{1}{r}\psi_{n,L,M}(\boldsymbol{x}) = \int_0^\infty dr\, r^2\frac{1}{r}R_{n,L}^2(r)$$

$$= \left(\frac{2}{nr_{\rm B}}\right)^{-2}\int_0^\infty d\rho\,\frac{1}{\rho}\chi_{n,L}^2(\rho) = \left(\frac{2}{nr_{\rm B}}\right)^{-2}\left\langle\frac{1}{\rho}\right\rangle \tag{A.83}$$

となる．式 (A.83) を評価するために式 (A.78) に左から $\chi'_{n,L}\rho$ をかけて積分する：

$$0 = \int_\rho\left[\chi'_{n,L}\rho\chi''_{n,L} + \chi'_{n,L}\rho\left\{-\frac{L(L+1)}{\rho^2} + \frac{n}{\rho} - \frac{1}{4}\right\}\chi_{n,L}\right]. \tag{A.84}$$

ここで $\int_\rho \equiv \int_0^\infty d\rho$．以下，煩雑さを避けるために $\chi_{n,L}$ の添え字を省く．ここで計算式

$$\int_\rho \chi'\rho\chi'' = \int_\rho \frac{1}{2}\rho(\chi'^2)'$$

$$= \int_\rho \frac{1}{2}\{(\rho\chi'^2)' - \chi'^2\} = -\frac{1}{2}\int_\rho \chi'^2$$

$$= -\frac{1}{2}\int_\rho\{(\chi\chi')' - \chi\chi''\} = \frac{1}{2}\int_\rho \chi\chi'',$$

$$\int_\rho \chi' \frac{1}{\rho} \chi = \frac{1}{2} \int_\rho \frac{1}{\rho} (\chi^2)' = \frac{1}{2} \int_\rho \left\{ \left(\frac{1}{\rho} \chi^2 \right)' + \frac{1}{\rho^2} \chi^2 \right\} = \frac{1}{2} \int_\rho \frac{1}{\rho^2} \chi^2,$$

$$\int_\rho \chi' \chi = \frac{1}{2} \int_\rho (\chi^2)' = 0,$$

$$\int_\rho \chi' \rho \chi = \frac{1}{2} \int_\rho \rho(\chi^2)' = \frac{1}{2} \int_\rho \left\{ (\rho\chi^2)' - \chi^2 \right\} = -\frac{1}{2} \int_\rho \chi^2 \tag{A.85}$$

を用いて式 (A.84) の右辺を部分積分すると

$$0 = \int_\rho \left[\chi' \rho \chi'' + \chi' \rho \left\{ -\frac{L(L+1)}{\rho^2} + \left(\frac{n}{\rho} - \frac{1}{4} \right) \right\} \chi \right]$$

$$= \frac{1}{2} \int_\rho \left\{ \chi\chi'' - \frac{L(L+1)}{\rho^2} \chi^2 + \frac{1}{4} \chi^2 \right\}$$

$$\Rightarrow \quad 0 = \langle \partial_\rho^2 \rangle - L(L+1) \left\langle \frac{1}{\rho^2} \right\rangle + \frac{1}{4} \langle 1 \rangle. \tag{A.86}$$

さらに式 (A.78) に左から χ_{nL} をかけて積分すると

$$0 = \int_\rho \left[\chi\chi'' + \chi \left\{ -\frac{L(L+1)}{\rho^2} + \left(\frac{n}{\rho} - \frac{1}{4} \right) \right\} \chi \right]$$

$$\Rightarrow \quad 0 = \langle \partial_\rho^2 \rangle - L(L+1) \left\langle \frac{1}{\rho^2} \right\rangle + n \left\langle \frac{1}{\rho} \right\rangle - \frac{1}{4} \langle 1 \rangle. \tag{A.87}$$

式 (A.86) から式 (A.87) を引くと

$$n \left\langle \frac{1}{\rho} \right\rangle = \frac{1}{2} \langle 1 \rangle \tag{A.88}$$

が得られる. この式に式 (A.80) と式 (A.83) を用いると

$$\left\langle \frac{1}{r} \right\rangle_{nLM} = \frac{1}{r_{\mathrm{B}} n^2} \tag{A.89}$$

が得られる. この結果から r^{-1} の期待値は L に依存しないことが示された. 以上の結果は, より一般的な $\langle \rho^k \rangle$ に関する漸化式（**クラマース (Kramers) の漸化式**）からも得られる.

補足：クラマースの漸化式 式 (A.89) を得たのと同様の方法で, $k > -2L - 1$ の条件下における漸化式

$$\frac{k+1}{n^2} \langle r^k \rangle_{nLM} - r_{\mathrm{B}}(2k+1) \langle r^{k-1} \rangle_{nLM}$$

$$+ r_{\mathrm{B}}^2 \frac{k}{4} \{ (2L+1)^2 - k^2 \} \langle r^{k-2} \rangle_{nLM} = 0 \tag{A.90}$$

演習 3.4 の解答　　　　　　　　　　　　　　**171**

を示そう．今度は，式 (A.78) に左から $\chi'_{n,L}\rho^{k+1}$（これは元の $\chi_{n,L}$ に対して ρ^k の次数）をかけて積分したものと，式 (A.78) に左から $\chi_{n,L}\rho^k$（これも元の $\chi_{n,L}$ に対して ρ^k の次数）をかけて積分したものを比べる．以下，煩雑さを避けるために $\chi_{n,L}$ の添え字を省略する．

式 (A.78) に左から $\chi'\rho^{k+1}$ をかけて積分すると，

$$
\begin{aligned}
0 &= \int_\rho \left[\chi'\rho^{k+1}\chi'' + \chi'\rho^{k+1}\left\{ -\frac{L(L+1)}{\rho^2} + \left(\frac{n}{\rho}-\frac{1}{4}\right) \right\}\chi \right] \\
&= \int_\rho \chi \left[\frac{k+1}{2}\rho^k\chi'' - \frac{k(k^2-1)}{4}\rho^{k-2}\chi \right. \\
&\quad \left. + \frac{1}{2}\left\{ (k-1)L(L+1)\rho^{k-2} - nk\rho^{k-1} + \frac{k+1}{4}\rho^k \right\}\chi \right] \\
&= \frac{k+1}{2}\langle\rho^k\partial_\rho^2\rangle + \frac{(k-1)\{2L(L+1)-k(k+1)\}}{4}\langle\rho^{k-2}\rangle \\
&\quad - \frac{nk}{2}\langle\rho^{k-1}\rangle + \frac{k+1}{8}\langle\rho^k\rangle. \tag{A.91}
\end{aligned}
$$

ここで $\int_\rho \equiv \int_0^\infty d\rho$ とおいた．ここで計算式

$$
\begin{aligned}
\int_\rho \chi'\rho^{k+1}\chi'' &= \frac{1}{2}\int_\rho \rho^{k+1}(\chi'^2)' = \frac{1}{2}\int_\rho\{(\rho^{k+1}\chi'^2)' - (k+1)\rho^k\chi'^2\} \\
&= -\frac{k+1}{2}\int_\rho \rho^k\chi'^2 = -\frac{k+1}{2}\int_\rho\{(\rho^k\chi\chi')' - \rho^k\chi\chi'' - k\rho^{k-1}\chi\chi'\} \\
&= \frac{k+1}{2}\int_\rho\left\{\rho^k\chi\chi'' + \frac{k}{2}(\rho^{k-1}\chi^2)' - \frac{k(k-1)}{2}\rho^{k-2}\chi^2\right\} \\
&= \frac{k+1}{2}\int_\rho\left\{\rho^k\chi\chi'' - \frac{k(k-1)}{2}\rho^{k-2}\chi^2\right\}, \\
\int_\rho \chi'\rho^{k-1}\chi &= \frac{1}{2}\int_\rho \rho^{k-1}(\chi^2)' = \frac{1}{2}\int_\rho(\rho^{k-1}\chi^2)' - \frac{k-1}{2}\int_\rho\rho^{k-2}\chi^2 \\
&= -\frac{k-1}{2}\int_\rho\rho^{k-2}\chi^2, \\
\int_\rho \chi'\rho^k\chi &= \frac{1}{2}\int_\rho\rho^k(\chi^2)' = \frac{1}{2}\int_\rho(\rho^k\chi^2)' - \frac{k}{2}\int_\rho\rho^{k-1}\chi^2 = -\frac{k}{2}\int_\rho\rho^{k-1}\chi^2, \\
\int_\rho \chi'\rho^{k+1}\chi &= \frac{1}{2}\int_\rho\rho^{k+1}(\chi^2)' = \frac{1}{2}\int_\rho(\rho^{k+1}\chi^2)' - \frac{k+1}{2}\int_\rho\rho^k\chi^2 \\
&= -\frac{k+1}{2}\int_\rho\rho^k\chi^2 \tag{A.92}
\end{aligned}
$$

を用いた. ただし, 部分積分における表面項が消えるためには, k と L の間に条件が必要である. 波動関数のふるまいが無限遠方で $\chi_L \sim e^{-\frac{\rho}{2}}$, 原点近傍で $\chi_L \sim \rho^{L+1}$ であるから, たとえば, 上記の計算式の 1 行目に現れる表面項を実際に書き下すと

$$\int_\rho (\rho^{k+1} \chi'^2)' = \rho^{k+1} \chi'^2 \big|_{\rho \to \infty} - \rho^{k+1} \chi'^2 \big|_{\rho \to 0}$$
$$\simeq -\rho^{k+1+2L} \big|_{\rho \to 0} \tag{A.93}$$

となって, これが消えるためには,

$$k + 1 + 2L > 0 \tag{A.94}$$

でなければならない. この制限は, 上記の計算式に現れるすべての表面項を消すのに十分であることが確かめられる.

さらに式 (A.78) に左から $\chi\rho^k$ をかけて積分すると

$$0 = \int_\rho \left[\chi\rho^k \chi'' + \chi\rho^k \left\{ -\frac{L(L+1)}{\rho^2} + \left(\frac{n}{\rho} - \frac{1}{4} \right) \right\} \chi \right]$$
$$\Rightarrow \quad 0 = \langle \rho^k \partial_\rho^2 \rangle - L(L+1)\langle \rho^{k-2} \rangle + n\langle \rho^{k-1} \rangle - \frac{1}{4}\langle \rho^k \rangle \tag{A.95}$$

を得る. (A.91) × 2 − (A.95) × $(k+1)$ を計算すると

$$0 = \frac{k\{(2L+1)^2 - k^2\}}{2} \langle \rho^{k-2} \rangle - n(2k+1)\langle \rho^{k-1} \rangle + \frac{k+1}{2}\langle \rho^k \rangle \tag{A.96}$$

を得る. この式に式 (A.81) を適用すれば,

$$0 = k\frac{(2L+1)^2 - k^2}{2} \left(\frac{2}{nr_B} \right)^{-2} \langle r^{k-2} \rangle_{nLM}$$
$$- n(2k+1) \left(\frac{2}{nr_B} \right)^{-1} \langle r^{k-1} \rangle_{nLM} + \frac{k+1}{2} \langle r^k \rangle_{nLM}$$
$$\Rightarrow \quad 0 = \frac{k+1}{n^2} \langle r^k \rangle_{nLM} - r_B(2k+1)\langle r^{k-1} \rangle_{nLM}$$
$$+ r_B^2 \frac{k}{4}\{(2L+1)^2 - k^2\}\langle r^{k-2} \rangle_{nLM} \tag{A.97}$$

となって, クラマースの漸化式 (A.90) を得る.

● 演習 3.5

【問題への補足 (第 4, 5 章を読んだ読者向け)】

2 粒子系のハミルトニアンは

$$\widehat{H} = \frac{\widehat{\boldsymbol{p}_1}^2}{2m_1} + \frac{\widehat{\boldsymbol{p}_2}^2}{2m_2} + V(|\widehat{\boldsymbol{x}}_1 - \widehat{\boldsymbol{x}}_2|) \tag{A.98}$$

演習 3.5 の解答　　　　　　　　**173**

と与えられる. ここで $\widehat{\boldsymbol{x}}_1$ $(\widehat{\boldsymbol{x}}_2)$ と $\widehat{\boldsymbol{p}}_1$ $(\widehat{\boldsymbol{p}}_2)$ は質量 m_1 (m_2) の粒子の位置演算子と運動量演算子であり, それぞれ正準交換関係

$$\begin{aligned}
\left[(\widehat{\boldsymbol{x}}_1)_i, (\widehat{\boldsymbol{p}}_1)_j\right] &= i\delta_{ij}\hbar, \\
\left[(\widehat{\boldsymbol{x}}_2)_i, (\widehat{\boldsymbol{p}}_2)_j\right] &= i\delta_{ij}\hbar
\end{aligned} \tag{A.99}$$

を満たす. その他の交換関係はゼロである.

ケット $|\boldsymbol{x}_1, \boldsymbol{x}_2\rangle$ を 2 粒子の位置ベクトル演算子の同時固有状態とする:

$$\begin{aligned}
\widehat{\boldsymbol{x}}_1|\boldsymbol{x}_1, \boldsymbol{x}_2\rangle &= \boldsymbol{x}_1|\boldsymbol{x}_1, \boldsymbol{x}_2\rangle, \\
\widehat{\boldsymbol{x}}_2|\boldsymbol{x}_1, \boldsymbol{x}_2\rangle &= \boldsymbol{x}_2|\boldsymbol{x}_1, \boldsymbol{x}_2\rangle.
\end{aligned} \tag{A.100}$$

1 粒子系と同様に, 一般の状態ベクトル $|\psi\rangle$ に対するシュレーディンガー方程式

$$\widehat{H}|\psi\rangle = E|\psi\rangle \tag{A.101}$$

を $|\boldsymbol{x}_1, \boldsymbol{x}_2\rangle$ による位置基底で表すと, 2 粒子系のシュレーディンガー方程式 (定常状態) を得る:

$$\langle\boldsymbol{x}_1, \boldsymbol{x}_2|\widehat{H}|\psi\rangle = \langle\boldsymbol{x}_1, \boldsymbol{x}_2|E|\psi\rangle$$
$$\Rightarrow \quad \left\{-\hbar^2\frac{\boldsymbol{\nabla}_1^2}{2m_1} - \hbar^2\frac{\boldsymbol{\nabla}_2^2}{2m_2} + V\left(|\boldsymbol{x}_1 - \boldsymbol{x}_2|\right)\right\}\psi(\boldsymbol{x}_1, \boldsymbol{x}_2) = E\psi(\boldsymbol{x}_1, \boldsymbol{x}_2). \tag{A.102}$$

ここで $\psi(\boldsymbol{x}_1, \boldsymbol{x}_2) = \langle\boldsymbol{x}_1, \boldsymbol{x}_2|\psi\rangle$ は 2 粒子系の波動関数である.

【解答例と解説】

以下, 改めて位置基底のハミルトニアンを $\widehat{H}$ とおく:

$$\widehat{H} = -\hbar^2\frac{\boldsymbol{\nabla}_1^2}{2m_1} - \hbar^2\frac{\boldsymbol{\nabla}_2^2}{2m_2} + V\left(|\boldsymbol{x}_1 - \boldsymbol{x}_2|\right). \tag{A.103}$$

重心座標と相対座標はそれぞれ以下のように定義される:

$$\boldsymbol{R} := \frac{m_1\boldsymbol{x}_1 + m_2\boldsymbol{x}_2}{m_1 + m_2}, \tag{A.104}$$

$$\boldsymbol{r} := \boldsymbol{x}_1 - \boldsymbol{x}_2. \tag{A.105}$$

ここで $f(\boldsymbol{R}, \boldsymbol{r})$ を重心座標と相対座標の関数とすれば, 偏微分に関する関係式は以下のように全微分から読み取れる:

$$df(\boldsymbol{R}, \boldsymbol{r}) = \sum_{i=x,y,z}\frac{\partial f}{\partial R_i}\,dR_i + \sum_{i=x,y,z}\frac{\partial f}{\partial r_i}\,dr_i$$

$$= \sum_i\frac{\partial f}{\partial R_i}\left(\sum_{\substack{j=x,y,z;\\a=1,2}}\frac{\partial R_i}{\partial x_{aj}}\,dx_{aj}\right) + \sum_i\frac{\partial f}{\partial r_i}\left(\sum_{\substack{j=x,y,z;\\a=1,2}}\frac{\partial r_i}{\partial x_{aj}}\,dx_{aj}\right)$$

$$
= \sum_{\substack{i,j=x,y,z; \\ a=1,2}} \left(\frac{\partial f}{\partial R_i} \frac{\partial R_i}{\partial x_{aj}} + \frac{\partial f}{\partial r_i} \frac{\partial r_i}{\partial x_{aj}} \right) dx_{aj}
$$

$$
= \sum_{i,j} \left(\frac{\partial f}{\partial R_i} \frac{\partial R_i}{\partial x_{1j}} + \frac{\partial f}{\partial r_i} \frac{\partial r_i}{\partial x_{1j}} \right) dx_{1j} + \sum_{i,j} \left(\frac{\partial f}{\partial R_i} \frac{\partial R_i}{\partial x_{2j}} + \frac{\partial f}{\partial r_i} \frac{\partial r_i}{\partial x_{2j}} \right) dx_{2j}
$$

$$
= \sum_{i,j} \left(\frac{\partial f}{\partial R_i} \delta_{ij} \frac{m_1}{m_1+m_2} + \frac{\partial f}{\partial r_i} \delta_{ij} \right) dx_{1j} + \sum_{i,j} \left(\frac{\partial f}{\partial R_i} \delta_{ij} \frac{m_2}{m_1+m_2} - \frac{\partial f}{\partial r_i} \delta_{ij} \right) dx_{2j}
$$

$$
= \sum_{j} \left(\frac{\partial f}{\partial R_j} \frac{m_1}{m_1+m_2} + \frac{\partial f}{\partial r_j} \right) dx_{1j} + \sum_{j} \left(\frac{\partial f}{\partial R_j} \frac{m_2}{m_1+m_2} - \frac{\partial f}{\partial r_j} \right) dx_{2j}.
$$

$$\tag{A.106}$$

偏微分は dx_{1j} 或いは dx_{2j} の係数であるから,

$$
\frac{\partial f}{\partial x_{1j}} = \frac{\partial f}{\partial R_j} \frac{m_1}{m_1+m_2} + \frac{\partial f}{\partial r_j}, \tag{A.107}
$$

$$
\frac{\partial f}{\partial x_{2j}} = \frac{\partial f}{\partial R_j} \frac{m_2}{m_1+m_2} - \frac{\partial f}{\partial r_j} \tag{A.108}
$$

と読み取れる. これらを使って, $\boldsymbol{x}_1$ と $\boldsymbol{x}_2$ のラプラシアンを $\boldsymbol{R}$ と $\boldsymbol{r}$ で書き換えると

$$
\boldsymbol{\nabla}_1^2 f = \sum_{j} \frac{\partial}{\partial x_{1j}} \frac{\partial f}{\partial x_{1j}} = \sum_{i,j} \frac{\partial \frac{\partial f}{\partial x_{1j}}}{\partial R_i} \frac{\partial R_i}{\partial x_{1j}} + \sum_{i,j} \frac{\partial \frac{\partial f}{\partial x_{1j}}}{\partial r_i} \frac{\partial r_i}{\partial x_{1j}}
$$

$$
= \sum_{i,j} \frac{\partial \frac{\partial f}{\partial x_{1j}}}{\partial R_i} \delta_{ij} \frac{m_1}{m_1+m_2} + \sum_{i,j} \frac{\partial \frac{\partial f}{\partial x_{1j}}}{\partial r_i} \delta_{ij} = \sum_{i} \frac{\partial \frac{\partial f}{\partial x_{1i}}}{\partial R_i} \frac{m_1}{m_1+m_2} + \sum_{i} \frac{\partial \frac{\partial f}{\partial x_{1i}}}{\partial r_i}
$$

$$
= \sum_{i} \frac{\partial \left(\frac{\partial f}{\partial R_i} \frac{m_1}{m_1+m_2} + \frac{\partial f}{\partial r_i} \right)}{\partial R_i} \frac{m_1}{m_1+m_2} + \sum_{i} \frac{\partial \left(\frac{\partial f}{\partial R_i} \frac{m_1}{m_1+m_2} + \frac{\partial f}{\partial r_i} \right)}{\partial r_i}
$$

$$
= \sum_{i} \left\{ \frac{m_1^2}{(m_1+m_2)^2} \frac{\partial^2}{\partial R_i^2} + \frac{m_1}{m_1+m_2} \frac{\partial^2}{\partial R_i \partial r_i} + \frac{m_1}{m_1+m_2} \frac{\partial^2 f}{\partial r_i \partial R_i} + \frac{\partial^2}{\partial r_i^2} \right\} f.
$$

$$\tag{A.109}$$

同様に,

$$
\boldsymbol{\nabla}_2^2 f
$$

$$
= \sum_{i} \frac{\partial \left(\frac{\partial f}{\partial R_i} \frac{m_2}{m_1+m_2} - \frac{\partial f}{\partial r_i} \right)}{\partial R_i} \frac{m_2}{m_1+m_2} - \sum_{i} \frac{\partial \left(\frac{\partial f}{\partial R_i} \frac{m_2}{m_1+m_2} - \frac{\partial f}{\partial r_i} \right)}{\partial r_i}
$$

$$
= \sum_{i} \left\{ \frac{m_2^2}{(m_1+m_2)^2} \frac{\partial^2}{\partial R_i^2} - \frac{m_2}{m_1+m_2} \frac{\partial^2}{\partial R_i \partial r_i} - \frac{m_2}{m_1+m_2} \frac{\partial^2 f}{\partial r_i \partial R_i} + \frac{\partial^2}{\partial r_i^2} \right\} f
$$

$$\tag{A.110}$$

演習 3.5 の解答 **175**

を得る．これらの結果から，ハミルトニアンの運動エネルギー項は

$$
\left(-\frac{\hbar^2 \boldsymbol{\nabla}_1^2}{2m_1} - \frac{\hbar^2 \boldsymbol{\nabla}_2^2}{2m_2} \right) f
$$

$$
= \hbar^2 \sum_i \left[-\left\{ \frac{m_1}{2(m_1+m_2)^2} + \frac{m_2}{2(m_1+m_2)^2} \right\} \frac{\partial^2}{\partial R_i^2} - \left(\frac{1}{2m_1} + \frac{1}{2m_2} \right) \frac{\partial^2}{\partial r_i^2} \right] f
$$

$$
= \hbar^2 \left(-\frac{\boldsymbol{\nabla}_R^2}{2M} - \frac{\boldsymbol{\nabla}_r^2}{2\mu} \right) f. \tag{A.111}
$$

ここで $\boldsymbol{\nabla}_R^2 = \sum_i \frac{\partial^2}{\partial R_i^2}$，$\boldsymbol{\nabla}_r^2 = \sum_i \frac{\partial^2}{\partial r_i^2}$，$M$ は全質量，μ は換算質量である：

$$
M = m_1 + m_2, \tag{A.112}
$$

$$
\mu = \left(\frac{1}{m_1} + \frac{1}{m_2} \right)^{-1} = \frac{m_1 m_2}{m_1 + m_2}. \tag{A.113}
$$

以上の結果から，2 粒子系のハミルトニアンは重心座標と相対座標を用いると以下のように表される：

$$
\widehat{H} = -\hbar^2 \frac{\boldsymbol{\nabla}_1^2}{2m_1} - \hbar^2 \frac{\boldsymbol{\nabla}_2^2}{2m_2} + V\big(|\boldsymbol{x}_1 - \boldsymbol{x}_2|\big)
$$

$$
= -\hbar^2 \frac{\boldsymbol{\nabla}_R^2}{2M} - \hbar^2 \frac{\boldsymbol{\nabla}_r^2}{2\mu} + V\big(|\boldsymbol{r}|\big). \tag{A.114}
$$

ここで右辺 1 項目が重心座標 $\boldsymbol{R}$ による重心運動エネルギー，2 項目が相対座標 $\boldsymbol{r}$ による内部運動エネルギーである．3 項目は相対座標にのみ依存する相互作用エネルギーであるから，2 項目と併せて 2 粒子系の内部エネルギーを与える．

ここで重要なことは座標基底において重心運動量演算子 $\widehat{\boldsymbol{p}}_R$ と相対運動量演算子 $\widehat{\boldsymbol{p}}_r$ をそれぞれ

$$
\widehat{\boldsymbol{p}}_R = -i\hbar \boldsymbol{\nabla}_R, \tag{A.115}
$$

$$
\widehat{\boldsymbol{p}}_r = -i\hbar \boldsymbol{\nabla}_r \tag{A.116}
$$

と定義すると，これらと重心座標 $\boldsymbol{R}$ および相対座標 $\boldsymbol{r}$ との交換関係はいずれも

$$
[R_i, \widehat{p}_{R,j}] = i\hbar \delta_{ij}, \tag{A.117}
$$

$$
[r_i, \widehat{p}_{r,j}] = i\hbar \delta_{ij} \tag{A.118}
$$

となって正準交換関係を満たすことである．これ以外の交換関係はすべてゼロである．したがって，2 粒子間相互作用ポテンシャルが相対座標にのみ依存する場合，重心運動エネルギー H_R と相対座標による内部エネルギー H_r は完全に分離される：

$$
\widehat{H} = H_R(\widehat{\boldsymbol{p}}_R) + H_r(\widehat{\boldsymbol{p}}_r, \boldsymbol{r}), \tag{A.119}
$$

$$
H_R(\widehat{\boldsymbol{p}}_R) = \frac{\widehat{\boldsymbol{p}}_R^2}{2M}, \quad H_r(\widehat{\boldsymbol{p}}_r, \boldsymbol{r}) = \frac{\widehat{\boldsymbol{p}}_r^2}{2\mu} + V\big(|\boldsymbol{r}|\big). \tag{A.120}
$$

176   演習 3.5 の解答

したがって 2 粒子系の波動関数は，たとえば 6.5 節と同様に，変数分離形の

$$\psi(\boldsymbol{R}, \boldsymbol{r}) = \psi_R(\boldsymbol{R})\psi_r(\boldsymbol{r}) \tag{A.121}$$

となり，それぞれのシュレーディンガー方程式

$$H_R\psi_R(\boldsymbol{R}) = E_R\psi_R(\boldsymbol{R}), \tag{A.122}$$

$$H_r\psi_r(\boldsymbol{r}) = E_r\psi_r(\boldsymbol{r}) \tag{A.123}$$

を満たす．重心運動量が $\boldsymbol{p}_R$ と与えられれば，重心運動のエネルギー固有値と固有関数は

$$E_R = \frac{\boldsymbol{p}_R^2}{2M}, \tag{A.124}$$

$$\psi_R(\boldsymbol{R}) = Ae^{i\frac{\boldsymbol{p}_R \cdot \boldsymbol{R}}{\hbar}} \tag{A.125}$$

と与えられる．固有関数は波数ベクトル $\frac{\boldsymbol{p}_R}{\hbar}$ をもつ平面波となる．したがって，古典力学と同じように，重心運動はつねに慣性的（自由粒子の運動）で相対運動（ポテンシャル $V(|\boldsymbol{r}|)$ による内部運動）と分離される．

平面波による波動関数　例として，以下のように 2 粒子系の波動関数が波数ベクトル $\boldsymbol{k}_1$ と $\boldsymbol{k}_2$ をもつ平面波で表される場合を考える：

$$\psi(\boldsymbol{x}_1, \boldsymbol{x}_2) = A\,e^{i\boldsymbol{x}_1 \cdot \boldsymbol{k}_1 + i\boldsymbol{x}_2 \cdot \boldsymbol{k}_2}. \tag{A.126}$$

この波動関数は，ポテンシャルが $V(|\boldsymbol{r}|) = 0$ のときのエネルギー固有状態，つまり，運動エネルギー $\frac{(\hbar\boldsymbol{k}_1)^2}{2m_1}$ と $\frac{(\hbar\boldsymbol{k}_2)^2}{2m_2}$ をもつ二つの自由粒子に対応する．それぞれの座標を $\boldsymbol{R}$ と $\boldsymbol{r}$ で表すと

$$\boldsymbol{x}_1 = \frac{m_2}{m_1 + m_2}\,\boldsymbol{r} + \boldsymbol{R}, \quad \boldsymbol{x}_2 = -\frac{m_1}{m_1 + m_2}\,\boldsymbol{r} + \boldsymbol{R} \tag{A.127}$$

であるから，

$$\begin{aligned}
\boldsymbol{x}_1 \cdot \boldsymbol{k}_1 &= \left(\frac{m_2}{m_1 + m_2}\,\boldsymbol{r} + \boldsymbol{R}\right) \cdot \boldsymbol{k}_1, \\
\boldsymbol{x}_2 \cdot \boldsymbol{k}_2 &= \left(-\frac{m_1}{m_1 + m_2}\,\boldsymbol{r} + \boldsymbol{R}\right) \cdot \boldsymbol{k}_2
\end{aligned} \tag{A.128}$$

となる．これを使って波動関数を重心座標と相対座標で表せば

$$\psi(\boldsymbol{x}_1, \boldsymbol{x}_2) = Ae^{i\frac{m_2\boldsymbol{k}_1 - m_1\boldsymbol{k}_2}{m_1 + m_2} \cdot \boldsymbol{r} + i(\boldsymbol{k}_1 + \boldsymbol{k}_2) \cdot \boldsymbol{R}} \tag{A.129}$$

となる．これより重心座標に共役な運動量 $\boldsymbol{p}_R$ と相対座標に共役な運動量 $\boldsymbol{p}_r$ はそれぞれ

$$\boldsymbol{p}_R = \hbar(\boldsymbol{k}_1 + \boldsymbol{k}_2), \quad \boldsymbol{p}_r = \hbar\frac{m_2\boldsymbol{k}_1 - m_1\boldsymbol{k}_2}{m_1 + m_2} \tag{A.130}$$

演習 6.1 の解答　　　**177**

と読み取れる.

重心系　重心系とは，全運動量がゼロに見える座標系である．上記の平面波を例にとれば，

$$\boldsymbol{p}_R = 0 \quad \Rightarrow \quad \boldsymbol{k}_1 + \boldsymbol{k}_2 = 0 \tag{A.131}$$

となる．したがって，重心系におけるハミルトニアンは全ハミルトニアンから重心運動エネルギーを除けばよい．これは内部エネルギーと等しく，相対座標のみに依存するから

$$\widehat{H}_r = -\hbar^2 \, \frac{\boldsymbol{\nabla}_r^2}{2\mu} + V\left(|\boldsymbol{r}|\right) \tag{A.132}$$

となる．つまり，重心系では 2 粒子間の相対座標に関する 1 粒子ポテンシャル問題と同じになる．ただし，前述のように，相対座標に関する運動エネルギーには換算質量が用いられる．重心系は 2 体散乱問題や束縛問題を記述するときに有用である.

● 演習 6.1

【解答例】

演算子の指数関数　ベイカー–キャンベル–ハウスドルフの公式（以下 **BCH 公式**）には演算子の指数関数が現れるが，公式の証明の前にこのような指数関数の性質を見てみる．$X(s)$ を実数パラメータ s に依存する演算子（対応する行列でも成り立つため，以下ハットは省略する）とすると，演算子 $X(s)$ の指数関数は以下のように定義される：

$$e^{X(s)} \equiv \sum_{n=0}^{\infty} \frac{1}{n!} X(s)^n = \sum_{n=0}^{\infty} \frac{1}{n!} \overbrace{X(s)X(s)\cdots X(s)}^{n}. \tag{A.133}$$

さらに微分は以下のように計算される：$X'(s) = \frac{dX(s)}{ds}$ とすると，

$$\frac{d}{ds}\, e^{X(s)}$$

$$= \sum_{n=0}^{\infty} \frac{1}{n!}\, \frac{d}{ds}\, X(s)^n$$

$$= \sum_{n=0}^{\infty} \frac{1}{n!}$$

$$\times \overbrace{\{\overbrace{X'(s)X(s)\cdots X(s)}^{n} + \overbrace{X(s)X'(s)\cdots X(s)}^{n} + \cdots + \overbrace{X(s)X(s)\cdots X'(s)}^{n}\}}^{n}$$

$$
= X'(s) + \frac{X'(s)X(s) + X(s)X'(s)}{2!}
$$
$$
+ \frac{X'(s)X(s)X(s) + X(s)X'(s)X(s) + X(s)X(s)X'(s)}{3!} + \cdots
$$
$$
= \sum_{n=0}^{\infty} \sum_{m=0}^{\infty} \frac{X(s)^m X'(s) X(s)^n}{(1+m+n)!}. \tag{A.134}
$$

ここで一般に $\big[X(s), X'(s) \big] \neq 0$ であることに注意する. $\big[X(s), X'(s) \big] = 0$ の場合は,通常の指数関数の微分と同じ形になる:

$$
\frac{de^{X(s)}}{ds} = X'(s) + \frac{2X'(s)X(s)}{2!} + \frac{3X'(s)X(s)X(s)}{3!} + \cdots
$$
$$
= \sum_{n=1}^{\infty} X'(s) \frac{X(s)^{n-1}}{(n-1)!} = X'(s) \sum_{n=0}^{\infty} \frac{X(s)^n}{n!}
$$
$$
= X'(s) e^{X(s)} = e^{X(s)} X'(s). \tag{A.135}
$$

例として, $X(s) = sA$ の場合は $X'(s) = A$ であるから

$$
\frac{d}{ds} e^{sA} = A e^{sA} \tag{A.136}
$$

となる.

BCH 公式 1 ここで以下のような非可換な演算子 A と B を含む関数 G を考える.

$$
G(s) := e^{sA} B e^{-sA}. \tag{A.137}
$$

演算子の指数関数の定義より $G(s)$ は s の正ベキで展開されるから,テイラー展開と同じように

$$
G(s) = \sum_{n=0}^{\infty} \frac{d^n G(s)}{ds^n} \bigg|_{s=0} \frac{s^n}{n!} \tag{A.138}
$$

と表現することができる. 導関数は以下のように計算できる:

$$
\frac{d^0 G(s)}{ds^0} = G(s) = e^{sA} B e^{-sA}, \tag{A.139}
$$

$$
\frac{dG(s)}{ds} = \frac{de^{sA}}{ds} B e^{-sA} + e^{sA} B \frac{de^{-sA}}{ds}
$$
$$
= e^{sA} A B e^{-sA} + e^{sA} B(-A) e^{-sA} = e^{sA} \left[A, B \right] e^{-sA}, \tag{A.140}
$$

$$
\frac{d^2 G(s)}{ds^2} = \frac{d}{ds} \frac{dG(s)}{ds} = e^{sA} A \left[A, B \right] e^{-sA} + e^{sA} \left[A, B \right] (-A) e^{-sA}
$$
$$
= e^{sA} \left[A, \left[A, B \right] \right] e^{-sA}, \tag{A.141}
$$
$$
\vdots
$$

演習 6.1 の解答 **179**

$$\frac{d^n G(s)}{ds^n} = e^{sA} \overbrace{[A, \cdots [A, [A,\ B]]\cdots]}^{n} e^{-sA}. \tag{A.142}$$

以上の結果を用いると

$$G(s) = \sum_{n=0}^{\infty} \frac{d^n G(s)}{ds^n}\bigg|_{s=0} \frac{s^n}{n!} = \sum_{n=0}^{\infty} \overbrace{[A, \cdots [A, [A,\ B]]\cdots]}^{n} \frac{s^n}{n!}$$

$$= B + [A, B]\, s + [A, [A, B]]\, \frac{s^2}{2} + [A, [A, [A, B]]]\, \frac{s^3}{3!} + \cdots \tag{A.143}$$

を得る. $s = 1$ とおくと, BCH 公式 1

$$e^A B e^{-A} = B + [A, B] + \frac{1}{2}[A, [A, B]] + \frac{1}{3!}[A, [A, [A, B]]] + \cdots \tag{A.144}$$

を得る.

特別な場合の BCH 公式 2 A と B を互いに非可換な演算子（或いは行列）として, 次のような実数変数 s の関数 F を定義する:

$$F(s) := e^{sA} e^{sB}. \tag{A.145}$$

$F(s)$ の導関数は

$$F'(s) = A e^{sA} e^{sB} + e^{sA} B e^{sB} = \left(A + e^{sA} B e^{-sA}\right) e^{sA} e^{sB}$$

$$= \left(A + B + [A, B]\, s + \frac{1}{2!}[A, [A, B]]\, s^2 + \cdots\right) F(s) \tag{A.146}$$

となる. ここで特別な場合として A と B の交換子がある定数 c となる場合を考える:

$$[A, B] = c. \tag{A.147}$$

このとき導関数は

$$F'(s) = (A + B + cs) F(s) \tag{A.148}$$

となる. これを $F(s)$ に関する微分方程式とみなせば, 以下のような解

$$F(s) = c_0 e^{(A+B)s + \frac{cs^2}{2}} \tag{A.149}$$

が得られる. ここで c_0 は積分定数であり, 条件 $F(0) = 1$ より $c_0 = 1$ となる. これが解になっているかを確かめる:解 (A.149) は式 (A.133) において $X(s) = (A+B)s + \frac{cs^2}{2}$ とおいた関数であり, その微分 $X'(s) = A + B + cs$ および $[X(s), X'(s)] = 0$ から, 式 (A.135) を用いると式 (A.148) が再現される.

したがって, 式 (A.145) と式 (A.149) において $s = 1$ とおけば,

$$e^A e^B = e^{A + B + \frac{[A, B]}{2}} = e^{A + B + \frac{c}{2}} \tag{A.150}$$

180　　　　　　　　　　　演習 6.3 の解答

となり式 (6.102) を得る．この式はより一般的な演算子 A, B に関する BCH 公式

$$e^A e^B = \exp\left\{ A + B + \frac{1}{2}\,[A,B] - \frac{1}{12}\,[(A-B),[A,B]] + \cdots \right\} \quad \text{(A.151)}$$

において，$[A,B] = $ 定数 の場合に相当する．ここで $\cdots$ 以下の A と B の高次項は $[A,B]$ との交換関係で表現されるので，$[A,B]$ が定数の場合すべてゼロとなる．一般の BCH 公式の重要な点は，いま述べたように，

$$e^A e^B = e^{A+B+Z} \quad \text{(A.152)}$$

と書いて，A と B の高次項をまとめて Z と表すと，Z のすべての項は交換子 $[A,B]$ によって表現されるということである．この性質は量子論における対称性を議論するときに用いるリー (Lie) 群およびリー代数の基礎になっている．

● 演習 6.3

【解答例】

シュレーディンガー表示を採用し運動量演算子の期待値の時間微分を評価する．

$$\begin{aligned}
\frac{d\langle \hat{\boldsymbol{p}} \rangle}{dt} &= \frac{d}{dt} \langle \psi(t) | \hat{\boldsymbol{p}} | \psi(t) \rangle \\
&= \frac{d}{dt} \sum_{\boldsymbol{x}} \langle \psi(t) | \boldsymbol{x} \rangle \langle \boldsymbol{x} | \hat{\boldsymbol{p}} | \psi(t) \rangle \\
&= \frac{d}{dt} \sum_{\boldsymbol{x}} \psi^*(\boldsymbol{x},t) \left\{ -i\hbar \boldsymbol{\nabla} \psi(\boldsymbol{x},t) \right\} \\
&= \sum_{\boldsymbol{x}} \frac{\partial \psi^*(\boldsymbol{x},t)}{\partial t} \left\{ -i\hbar \boldsymbol{\nabla} \psi(\boldsymbol{x},t) \right\} + \sum_{\boldsymbol{x}} \psi^*(\boldsymbol{x},t) \left\{ -i\hbar \boldsymbol{\nabla} \frac{\partial \psi(\boldsymbol{x},t)}{\partial t} \right\}.
\end{aligned}$$
$$\text{(A.153)}$$

ここで波動関数の時間微分に対してシュレーディンガー方程式とその複素共役

$$i\hbar \frac{\partial \psi(\boldsymbol{x},t)}{\partial t} = \left\{ -\frac{\hbar^2}{2m} \boldsymbol{\nabla}^2 + V(\boldsymbol{x}) \right\} \psi(\boldsymbol{x},t), \quad \text{(A.154)}$$

$$-i\hbar \frac{\partial \psi^*(\boldsymbol{x},t)}{\partial t} = \left\{ -\frac{\hbar^2}{2m} \boldsymbol{\nabla}^2 + V(\boldsymbol{x}) \right\} \psi^*(\boldsymbol{x},t) \quad \text{(A.155)}$$

を用いると

$$\begin{aligned}
\frac{d\langle \hat{\boldsymbol{p}} \rangle}{dt} = &\sum_{\boldsymbol{x}} \left\{ -\frac{\hbar^2}{2m} \boldsymbol{\nabla}^2 \psi^*(\boldsymbol{x},t) + V(\boldsymbol{x}) \psi^*(\boldsymbol{x},t) \right\} \boldsymbol{\nabla} \psi(\boldsymbol{x},t) \\
&- \sum_{\boldsymbol{x}} \psi^*(\boldsymbol{x},t) \boldsymbol{\nabla} \left\{ -\frac{\hbar^2}{2m} \boldsymbol{\nabla}^2 \psi(\boldsymbol{x},t) + V(\boldsymbol{x}) \psi(\boldsymbol{x},t) \right\}
\end{aligned}$$

$$= \sum_{\boldsymbol{x}} \frac{-\hbar^2}{2m} \left\{ \boldsymbol{\nabla}^2 \psi^*(\boldsymbol{x},t) \boldsymbol{\nabla} \psi(\boldsymbol{x},t) - \psi^*(\boldsymbol{x},t) \boldsymbol{\nabla} \boldsymbol{\nabla}^2 \psi(\boldsymbol{x},t) \right\}$$

$$- \sum_{\boldsymbol{x}} \psi^*(\boldsymbol{x},t) \boldsymbol{\nabla} V(\boldsymbol{x}) \psi(\boldsymbol{x},t)$$

$$= - \sum_{\boldsymbol{x}} \psi^*(\boldsymbol{x},t) \boldsymbol{\nabla} V(\boldsymbol{x}) \psi(\boldsymbol{x},t) = -\langle \boldsymbol{\nabla} V(\widehat{\boldsymbol{x}}) \rangle \qquad \text{(A.156)}$$

となる．途中の計算において，波動関数が波束のように遠方で速く落ちるという条件 $\psi(\boldsymbol{x},t)|_{|\boldsymbol{x}|\to\infty} = 0$ を仮定すると，中括弧内の第 1 項目の微分項は以下のような部分積分により第 2 項目とキャンセルする：

$$\sum_{\boldsymbol{x}} \boldsymbol{\nabla}^2 \psi^*(\boldsymbol{x},t) \boldsymbol{\nabla} \psi(\boldsymbol{x},t) = \int d^3 x \, \boldsymbol{\nabla}^2 \psi^* \boldsymbol{\nabla} \psi$$

$$= \int d^3 x \left\{ \nabla_i (\nabla_i \psi^* \boldsymbol{\nabla} \psi) - \nabla_i \psi^* \nabla_i \boldsymbol{\nabla} \psi \right\} = - \int d^3 x \, \nabla_i \psi^* \nabla_i \boldsymbol{\nabla} \psi$$

$$= - \int d^3 x \left\{ \nabla_i (\psi^* \nabla_i \boldsymbol{\nabla} \psi) - \psi^* \boldsymbol{\nabla}^2 \boldsymbol{\nabla} \psi \right\}$$

$$= \int d^3 x \, \psi^* \boldsymbol{\nabla}^2 \boldsymbol{\nabla} \psi = \sum_{\boldsymbol{x}} \psi^* \boldsymbol{\nabla} \boldsymbol{\nabla}^2 \psi. \qquad \text{(A.157)}$$

また，最後の表式において，以下の意味に注意しよう：

$$\boldsymbol{\nabla} V(\widehat{\boldsymbol{x}}) := \boldsymbol{\nabla} V(\boldsymbol{x}) \big|_{\boldsymbol{x} \to \widehat{\boldsymbol{x}}}. \qquad \text{(A.158)}$$

同様にして，位置演算子の期待値の時間微分を計算する．

$$\frac{d\langle \widehat{\boldsymbol{x}} \rangle}{dt}$$

$$= \frac{d}{dt} \int d^3 x \, \psi^*(\boldsymbol{x},t) \boldsymbol{x} \psi(\boldsymbol{x},t)$$

$$= \int d^3 x \left\{ \frac{\partial \psi^*(\boldsymbol{x},t)}{\partial t} \boldsymbol{x} \psi(\boldsymbol{x},t) + \psi^*(\boldsymbol{x},t) \boldsymbol{x} \frac{\partial \psi(\boldsymbol{x},t)}{\partial t} \right\}$$

$$= \int d^3 x \, \frac{-i}{\hbar} \left[\left\{ \frac{\hbar^2 \boldsymbol{\nabla}^2}{2m} - V(\boldsymbol{x}) \right\} \psi^* \boldsymbol{x} \psi + \psi^* \boldsymbol{x} \left\{ -\frac{\hbar^2 \boldsymbol{\nabla}^2}{2m} + V(\boldsymbol{x}) \right\} \psi \right]$$

$$= \int d^3 x \, \frac{-i\hbar}{2m} (\boldsymbol{\nabla}^2 \psi^* \boldsymbol{x} \psi - \psi^* \boldsymbol{x} \boldsymbol{\nabla}^2 \psi)$$

$$= \int d^3 x \, \frac{-i\hbar}{2m} \left\{ \nabla_i (\nabla_i \psi^* \boldsymbol{x} \psi) - \nabla_i \psi^* \nabla_i (\boldsymbol{x}\psi) - \nabla_i (\psi^* \boldsymbol{x} \nabla_i \psi) + \nabla_i (\psi^* \boldsymbol{x}) \nabla_i \psi \right\}$$

$$= \int d^3 x \, \frac{-i\hbar}{2m} \left\{ -\nabla_i \psi^* \nabla_i (\boldsymbol{x}\psi) + \nabla_i (\psi^* \boldsymbol{x}) \nabla_i \psi \right\}$$

$$= \int d^3 x \, \frac{-i\hbar}{2m} (-\boldsymbol{\nabla}\psi^* \psi + \psi^* \boldsymbol{\nabla}\psi) = \int d^3 x \, \frac{-i\hbar}{2m} 2\psi^* \boldsymbol{\nabla}\psi = \frac{1}{m} \langle \widehat{\boldsymbol{p}} \rangle. \qquad \text{(A.159)}$$

182   演習 6.3 の解答

途中の計算で, ∇_i の添え字 $i = x, y, z$ は和をとるとし, 波動関数が遠方で十分速く
ゼロに落ちるとして表面積分を落とした. また, $\psi^*(\nabla_i \boldsymbol{x})\nabla_i \psi = \psi^* \boldsymbol{\nabla} \psi$ を用いた.

以上の結果をまとめると, **エーレンフェストの定理**が得られる:

$$\frac{d\langle \widehat{\boldsymbol{x}} \rangle}{dt} = \frac{1}{m}\langle \widehat{\boldsymbol{p}} \rangle, \tag{A.160}$$

$$\frac{d\langle \widehat{\boldsymbol{p}} \rangle}{dt} = -\langle \boldsymbol{\nabla} V(\widehat{\boldsymbol{x}}) \rangle. \tag{A.161}$$

補足:古典論との関係　エーレンフェストの定理は, 古典的運動方程式と似ているが,
実際はどのように解釈すればよいだろうか. まず, 量子論と古典論の運動を比べると
き, 古典論の位置に対応する量子論の位置をその期待値とする. つまり, $\boldsymbol{x} \leftrightarrow \langle \widehat{\boldsymbol{x}} \rangle$.
エーレンフェストの定理は, 位置座標に関してまとめると,

$$m \frac{d^2}{dt^2}\langle \widehat{\boldsymbol{x}} \rangle = -\langle \boldsymbol{\nabla} V(\widehat{\boldsymbol{x}}) \rangle \tag{A.162}$$

と書くことができる. これが古典論の運動方程式 $m \frac{d^2}{dt^2}\boldsymbol{x} = -\boldsymbol{\nabla} V(\boldsymbol{x})$ と近似的に同
じ意味になるには,

$$\langle \boldsymbol{\nabla} V(\widehat{\boldsymbol{x}}) \rangle \simeq \boldsymbol{\nabla} V(\boldsymbol{x})\big|_{\boldsymbol{x} = \langle \widehat{\boldsymbol{x}} \rangle} \tag{A.163}$$

であればよい. つまり, 上式が成り立つような条件下において量子論における粒子の
期待値が古典的運動方程式による結果と同じようにふるまう. この条件を探るために,
粒子の存在確率が古典的粒子のように「塊」になっているような場合, つまり, 波束
を考える. 簡単のために 1 次元運動を考える. 波束の中心位置と位置演算子の期待値
はほぼ同じであるとし, 波束の幅がポテンシャルの変化する長さスケールに比べて十
分小さいとき,

$$\int dx\, |\psi(x,t)|^2 V'(x) \simeq V'(\langle \widehat{x} \rangle) \int dx\, |\psi(x,t)|^2 = V'(\langle \widehat{x} \rangle) \tag{A.164}$$

と近似できるので, この場合は古典運動との対応がよいといえる. ただし, これはあ
る時刻 t における状況であり, 一般に時間とともに波束は変化することに注意しよう.
たとえば, 6.6 節の調和振動子の例を見返してみよう. ただし, 以上の条件は位置演
算子の期待値に関する一つの要請であり, 位置の揺らぎ, つまり, $\langle (\widehat{\boldsymbol{x}} - \langle \widehat{\boldsymbol{x}} \rangle)^2 \rangle$ の情
報まで考慮した場合は注意が必要である. 古典論では当然揺らぎはゼロであるが, 量
子論の期待値が古典論と同じ場合であっても, 揺らぎが非常に大きくなっている場合
もある.

参 考 文 献

[1] R.P. ファインマン，R.B. レイトン，M.L. サンズ，ファインマン物理学 V 量子力学，岩波書店，1986.

[2] J.J. サクライ，現代の量子力学（上），吉岡書店，1989.

[3] 森口繁一，宇田川銈久，一松信，岩波 数学公式 III 特殊函数，岩波書店，1987.

[4] 大川正典，高橋徹，稲垣知宏，ライブラリ 新物理学基礎テキスト＝S2 ベーシック 力学，サイエンス社，2022.

索　　引

● あ 行

位置演算子　95
位置基底　97
一価性　47
井戸型　18

運動量演算子　95
運動量基底　100
運動量表示での波動関数
　100

エーレンフェストの定理
　38, 122, 182
エネルギー固有値　18
エネルギー準位　6
エネルギー保存則　7
エルミート演算子　80
エルミート共役　77
エルミート多項式　34
演算子　65, 75
遠心力ポテンシャル　53
円偏光　70

オングストローム　5

● か 行

解析接続　162
ガウス波束　38
確率　8
確率振幅　8
確率の保存則　16
確率密度　16
確率流束　17
重ね合わせの原理　66
ガモフの透過因子　29
干渉　9
観測値　82

規格直交条件　35
期待値　83
基底　65, 68
基底状態　6
基底の次元　67
基底の変換　65
軌道角運動量　42
軌道角運動量演算子
　140
基本状態　67
球ノイマン関数　157
球ベッセル関数　157
球面調和関数　46
境界条件　14, 20
共鳴条件　29
極座標　43

空間反転　62
クーロン相互作用　5
クラマースの漸化式
　170
クロネッカーのデルタ
　68

群速度　38

ケット　66

交換子　79
交換則　74
光子　1
合成則　116
光電効果　1
恒等演算子　75
国際単位系　3
黒体輻射　1
個数演算子　130
固体の比熱　1

コヒーレント状態　135
固有状態　34, 80
固有値　80
固有値方程式　46, 80
固有波動関数　18, 127
コンプトン効果　12

● さ 行

時間に依存しないシュレー
　ディンガー方程式
　17
時間に依存しない波動方程
　式　128
時間に依存するシュレー
　ディンガー方程式
　17, 118
時間発展　14
時間発展の演算子　115
磁気量子数　50
周期境界条件　110
自由粒子　14
主量子数　5
シュレーディンガー表示
　120
シュレーディンガー方程式
　16
状態ケット　67
状態ブラ　73
消滅演算子　129

水素原子　4
水素様原子　53
スピン　54

正準交換関係　102
正準変換　102

索　引

185

生成演算子　129
生成子　102
生成消滅演算子　129
ゼロ点振動エネルギー
　22, 33
前期量子論　1
選択的測定　84

双対対応　72
測定　65
測定過程　82
束縛状態　18

● た　行 ━━━━

第一種球ハンケル関数
　162
第二種球ハンケル関数
　162
単振動　30

中間状態　66
中心力ポテンシャル　52
調和振動子　30
直線偏光　68

定常状態　14, 128
ディラックのデルタ関数
　96

透過係数　26
同時固有状態　85
特殊関数　34
ド・ブロイ波長　2
トンネル効果　29

● な　行 ━━━━

ナブラ演算子　16

2重スリット　3

ニュートンの運動方程式
　14

ノルム　74

● は　行 ━━━━

ハイゼンベルク表示
　121
ハイゼンベルク方程式
　122
はしご演算子　145
波数空間　111
波束　14
波動関数　16, 99
波動方程式　14
ハミルトニアン　15,
　116
パリティ　167
半古典近似　29
反射係数　26
反対称テンソル　140

ビリアル定理　64

フーリエ変換　108
不確定性原理　10
複素数　8
複素線形空間　73
物質波　2
ブラ　66
ブラケット　65
プランク定数　2
プランクの公式　12

ベイカー–キャンベル–ハウ
　スドルフの公式
　138, 177
平行移動　102
偏光　68

変数分離　47

ポアソン括弧式　102
方位量子数　49
ボーア半径　5
ポテンシャル障壁　23
ポテンシャル問題　14,
　118

● や　行 ━━━━

ユニタリ演算子　91
ユニタリ性　115
揺らぎ　40

● ら　行 ━━━━

ラゲールの随伴多項式
　57
ラゲールの陪多項式　57

離散的　18
リュードベリ定数　4
リュードベリの公式　4
量子数　127
量子性　1
両立　85

ルジャンドル多項式　49
ルジャンドルの陪関数
　50
ルジャンドルの微分方程式
　49

励起状態　6
連続条件　20
連続状態　24
連続的　95

● 欧　字 ━━━━

BCH公式　177

著者略歴

飯田　圭（いいだ　けい）

1998 年　東京大学大学院理学系研究科物理学専攻
　　　　　博士課程修了（博士（理学））
現　在　高知大学教育研究部自然科学系理工学部門教授
　専　門　高密度物質の理論

主要著書

「宇宙物理学ハンドブック」（分担執筆，朝倉書店，2020）

仲野英司（なかの　えいじ）

2004 年　東京都立大学大学院理学研究科物理学専攻
　　　　　博士課程修了（博士（理学））
現　在　高知大学教育研究部自然科学系理工学部門教授
　専　門　量子多体系の理論

ライブラリ 新物理学基礎テキスト＝ S6

ベーシック 量子力学

2024 年 12 月 10 日ⓒ　　　　　　　初　版　発　行

著　者　飯田　圭　　　　発行者　森平敏孝
　　　　仲野英司　　　　印刷者　大道成則

発行所　　　株式会社　サイエンス社

〒151-0051　東京都渋谷区千駄ヶ谷 1 丁目 3 番 25 号
営業 ☎ (03)5474-8500（代）　振替 00170-7-2387
編集 ☎ (03)5474-8600（代）
FAX ☎ (03)5474-8900

印刷・製本　（株）太洋社

《検印省略》

本書の内容を無断で複写複製することは，著作者および出
版者の権利を侵害することがありますので，その場合には
あらかじめ小社あて許諾をお求め下さい．

ISBN978-4-7819-1621-7

PRINTED IN JAPAN

サイエンス社のホームページのご案内
https://www.saiensu.co.jp
ご意見・ご要望は
rikei@saiensu.co.jp　まで．